원서발췌

확률에 대한 철학적 시론

고전 명작을 읽는 가장 쉬운 길, '지식을만드는지식 원서발췌'

축약, 해설, 리라이팅이 아닙니다. 원전의 핵심 내용을 문장 그대로 가져옵니다. 작품의 오리지낼리티를 가감 없이 느낄 수 있습니다.
두껍고 읽기 어려워 책장을 덮어 버리곤 했던 고전을 발췌합니다. 해당 작품을 연구한 전문가가 작품의 정수를 가려 뽑아냅니다. 핵심만 읽기 때문에 더 빠르게 더 많은 고전을 읽을 수 있습니다. 제외된 부분은 중간중간 친절하게 요약 설명합니다. 풍부한 해설과 주석으로 전체 내용을 파악하는 데 무리가 없습니다. 정확한 번역, 적절한 윤문으로 10대에서 80대까지 누구나 쉽게 읽을 수 있습니다. 콤팩트한 사이즈와 분량이므로 간편하게 휴대할 수 있습니다. 수천 쪽의 고전을 발췌된 내용으로 읽고도 전체 의미를 파악할 수 있는 것이 지식을만드는지식 원서발췌의 매직입니다. 발췌율은 표지에 표시하고 발췌 방법은 일러두기에 상세히 밝힙니다.
고전 독자를 발췌 읽기에서 완역 읽기로, 더 나아가 원전 읽기로 안내합니다. 바쁜 현대인들에게 새로운 고전읽기 방법을 제시합니다.

원서발췌
확률에 대한 철학적 시론

Essai Philosophique sur les Probabilités

피에르 라플라스(Pierre S. Laplace) 지음
조재근 옮김

대한민국, 서울, 지식을만드는지식, 2026

편집자 일러두기

- 이 책은 프랑스어 원전의 영어 번역을 중역한 것입니다. 저본은 남아프리카공화국 크와줄루 나탈(KwaZulu-Natal) 대학의 통계학사 연구자인 데일(A. I. Dale) 교수가 옮긴 《Philosophical Essay on Probabilities》(Springer, 1998)이고, 트루스콧(W. Truscott)과 에모리(L. Emory)가 번역한 《A Philosophical Essay on Probabilities》(Wiley, 1902; Dover, 1952, 1995)도 참조했습니다. 데일은 라플라스가 생존했을 때 마지막으로 나온 제5판(1825)을 옮겼고, 트루스콧과 에모리는 제6판(1840)을 번역했는데 제5판과 제6판 간에는 내용상 차이가 없습니다.
- 이 책은 원전의 약 80%를 발췌했습니다. 덜어낸 부분은 해당 내용이 너무 길거나 덜 중요하다고 판단한 것입니다.
- 원래 라플라스의 책은 제목만 붙은 열여덟 개의 글로 이루어져 있는데, 이 번역에서는 독자의 편의를 위해 장마다 번호를 붙였습니다. 그리고 본문에 등장하는 인물들에 대해 일일이 옮긴이 주를 다는 대신 생몰 연대만 ( ) 속에 표시했습니다.
- 독자의 이해를 돕기 위해 옮긴이가 첨가한 어구는 [ ] 속에 넣었습니다. 또한 괄호가 중복될 때에도 [ ]를 사용했습니다.
- 라플라스가 이탤릭체로 강조한 용어들은 필요에 따라 괄호

속에 영어와 프랑스어 용어를 덧붙여 두었습니다. 병기 순서는 영어와 프랑스어의 순입니다.

- 고딕체로 작성된 부분은 원문을 그대로 따른 것입니다.
- 옮긴이가 작성한 주석은 “옮긴이 주”로 표시하고, 저본에서 인용한 주석은 해당 저본의 이름과 쪽수를 밝혀두었습니다.
- 주석에서 자주 언급하거나 인용한 책들은 ‘참고 도서의 약어 표기’와 같이 약어로써 간단히 표기했습니다.
- 외래어 표기는 현행 한글어문규정의 외래어표기법을 따랐습니다.
- 이 책은 2009년 4월 15일 한정판 ‘고전선집’ 시리즈로 처음 출간했습니다. 2012년 5월 4일 표지를 바꿔 ‘천줄읽기’ 시리즈로 다시 출간했다가 이번에 ‘원서발췌’ 시리즈로 옮겨 출간합니다.

차례

참고 도서의 약어 표기

- ESS : Laplace, P. S., 《Essai Philosophique sur les Probabilités》(cinquiéme édition, Courcier, 1825)
- Dale : Laplace, P. S., 《Philosophical Essay on Probabilities》(Dale, A. I. translator, second printing, Springer, 1998)
- Truscott and Emory : Laplace, P. S., 《A Philosophical Essay on Probabilities》(Truscott, F. W. and Emory, F. L. translators, Dover, 1951)
- 内井惣七 : ラプラス, 《確率の哲学的試論》(内井惣七 譯, 岩波文庫, 1997)
- Pearson : E. S. Pearson(ed), 《The History of Statistics in the 17th and 18th Centuries against the Changing Background of Intellectual, Scientific and Religious Thought, Lectures by Karl Pearson given at University College, 1921~1933》(Griffin, 1978)
- Todhunter : Todhunter, I., 《A History of the Mathematical Theory of Probability: From the Time of Pascal to That of Laplace》(1865, reprinted by Chelsea Press, New York, 1949)

제1부
확률에 대한 철학적 시론

1장 서문

이 철학적 시론은 1795년에 내가 사범학교(Écoles Normales)에서 맡았던 확률론 강의를 발전시킨 것이다. 당시 국민공회의 포고에 따라 라그랑주와 나는 수학 교수로 그곳에 초빙되어 있었다. 이 주제에 대해 최근 나는 《확률의 해석 이론(Théorie Analytique des Probabilités)》이란 제목을 붙인 책을 출간했는데, 그 책에 있는 원리와 일반적인 결과들을 이 책에서는 해석학을 쓰지 않고 제시해 볼까 한다. 나는 여기서 그러한 원리와 결과들을 인생에서 가장 중요한 문제에 적용해 볼 것인데, 사실상 그 문제들은 대부분 확률의 문제들일 따름이다. 엄밀하게 본다면 심지어 우리가 가진 지식의 거의 전부가 단지 개연적일 뿐이라고도 할 수 있다. 또 우리가 확실하게 알 수 있는 몇 가지 지식에서도 역시, 설사 그것이 수학적 지식의 경우라 할지라도 귀납과 유추처럼 진리에 이르는 주요한 수단들은 확률에 바탕을 둔 것이라 해도 과언이 아니다. 따라서 인간 지식의 전 체계가 이 시론에서 밝힐 이론에 연결되어 있다. 이성, 정의, 인간성의 영원한 원리에서도 그 원리들과 항상 연결된 우연한 사건 중에서 바람직한 것들만 생각해 보자. 그 원리들을 따르면 크게 유익하고 무시하면 심각하게 불리하다는 것을 이 책을 보고 의심할 바 없이 흥미롭게 알게 될 것이다. 혼돈 속에서 복권 당첨 번호가 정해지는 것처럼 그러한 우연한 사건들도 항상 무작위적인 동요 속에서 결국 뚜렷이 드러나게 된다. 부디 철학자들이 이 시론에 담긴 생각들에 관심을 갖고, 그 생각들 덕분에 철학자들이 생각해 볼 가치가 충분한 대상에 관심을 기울이게 되기를 바란다.

2장
확률에 대해

마치 해가 뜨고 지는 것이 자연의 법칙을 따르는 것과 마찬가지로, 너무 보잘것없어서 자연의 대법칙을 따르지 않는 듯 보이는 사건들 역시 필연적으로 법칙의 결과일 수밖에 없다. 우리는 사건들과 우주의 전 체계를 이어주는 고리를 몰랐기 때문에 사건들이 규칙적으로 일어나고 이어지면 그 사건을 목적인(目的因)의 탓이라고 생각하고, 명확한 질서가 없으면 우연에 좌우된다고 생각해 왔다. 하지만 이와 같은 상상 속의 원인들은 지식의 경계가 계속 확장됨에 따라 점차 뒤로 물러서게 되었고, 건전한 철학을 만나자 완전히 사라졌다. 그 철학에 비추어보았더니 상상 속의 원인들은 단지 우리가 참된 원인에 대해 무지했다는 것을 나타낼 따름이었다.

현재의 사건과 이전의 사건을 연결해 주는 바탕이 되는 것은, 원인이 없이는 어떠한 것도 존재할 수 없다는 명백한 원리다. '충분한 이유의 원리(principle of sufficient reason)'라고 알려진 이 원리는 우리가 관심을 갖지 않는 작용들 사이에까지도 적용된다. 아무리 자유로운 의지라 할지라도 나름의 일정한 이유가 없으면 그러한 작용을 일으킬 수 없다. 모든 조건이 동일한 두 상황이 있는데 한 경우에는 그 의지가 작용하고 나머지 경우에는 작용하지 않았다면, 이는 원인 없는 결과일 것이다. 라이프니츠(G. W. Leibniz, 1646~1716)는 이것을 에피쿠로스학파의 맹목적인 우연이라고 부른 바 있다. 그와 반대로 우리가 관심을 갖지 않은 일들 중에서 어떤 것을 의지에 따라 선택할 때에는 그 선택이 동기 없이 저절로 이루어진다는 견해도 있다. 하지만 이는 원인이 작용하고 나서 재빨리 사라진 것을 알지 못한 데서 오는 정신의 착각이다.

우리는 우주의 현재 상태가 그 이전 상태의 결과이며, 앞으로 있을 상태의 원인이라고 생각해야 한다. 자연이 움직이는 모든 힘과 자연을 이루는 존재들의 각 상황을 한 순간에 파악할 수 있는 지적인 존재가 있다고 가정해 보자. 게다가 그의 지적인 능력은 이 정도 데이터를 충분히 분석할 수 있을 정도라고 하자. 그렇다면 그는 우주에서 가장 큰 것의 운동과 가장 가벼운 원자의 운동을 하나의 식 속에 나타낼 수 있을 것이다. 불확실한 것은 아무것도 없을 것이며 과거와 마찬가지로 미래가 그의 눈앞에 나타날 것이다.[1] 인간의 정신은 천문학에서 도달할 수 있었던 완전함 속에서 그와 같은 지적인 능력을 약하게나마 흉내

낼 수 있다. 그리하여 인간은 만유인력의 발견과 더불어 역학과 기하학 분야에서의 발견으로 세계 전체의 과거와 미래 상태를 하나의 해석학적 표현 속에 담아낼 수 있게 되었다. 또 같은 방법을 인간 지식의 몇몇 다른 대상에 적용하여 관측된 현상을 보편적인 법칙과 연관시키는 데 성공했으며, 어떤 주어진 상황에서 일어나야만 하는 현상을 예측하는 데에도 성공했다. 앞에서 언급한 지적인 존재와 비교했을 때 여전히 인간은 매우 보잘것없는 존재일 뿐이

---

1) (옮긴이 주) 이 책에서 가장 유명한 부분이라고 할 수 있는데, 라플라스가 말하는 엄청난 지적 능력을 가진 존재를 흔히 'Laplace's demon'이라고 부른다. 그런데 여기에 등장하는 대단한 지적인 존재나 결정론은 라플라스가 처음 생각한 것은 아니고, 불충분한 이유의 원리와 마찬가지로 이미 라이프니츠를 비롯한 여러 사람들에게 익숙한 것이었다고 한다[Hahn, R., 《Pierre Simon Laplace, 1749~1827: A Determined Scientist》(Harvard University Press, 2005), 58쪽]. 한편 이러한 입장은 여러 사람으로부터 비판받기도 했는데, 일례로 19세기 말에 엥겔스가 "하나의 특정한 완두 꼬투리가 다섯 개나 일곱 개가 아니라 여섯 개의 완두콩을 갖는다는 사실이 태양계의 운동 법칙이나 에너지의 형태 변화의 법칙과 동렬에 서 있다면, 이것은 사실상 우연성이 필연성으로 고양된 것이 아니라 필연성이 우연성으로 격하된 것이다"[F. 엥겔스, 《자연변증법》(윤형식 외, 중원문화, 1989), 222쪽]라고 말했을 때, 그가 비판한 상대는 주로 라플라스의 생각과 닮은 결정론을 주장한 프랑스의 자연과학자들이었다. 통계학의 역사와 결정론에 대해 알아보려면, Hacking, I., 《The Taming of Chance》(Cambridge University Press, 1990)를 보라.

다. 그럼에도 불구하고 진리를 찾는 이 모든 노력들 덕분에 인간의 정신은 그 지적인 존재 쪽으로 계속해서 다가간다. 이러한 경향은 인류에게만 해당하는 것으로서 인간은 이 때문에 다른 동물보다 뛰어나다. 또 이런 면에서의 진보 때문에 나라와 시대가 서로 차별화되며 참된 영광이 이룩된다.

과거 사람들이, 사실 아주 오래전이 아닌 얼마 전의 사람들만 하더라도, 엄청나게 쏟아지는 비나 극심한 가뭄, 긴 꼬리를 끌고 나타나는 혜성, 일식이나 월식, 북극의 오로라, 그리고 다른 모든 비상한 현상들을 신이 진노했다는 표시로 생각했음을 상기해 보자. 비록 혹성들과 태양의 운행을 멈춰달라고 기도한 사람은 없었겠지만 과거의 사람들은 재앙으로부터 영향을 받지 않도록 해달라고 하늘에 기원했다. 하지만 그런 기도가 아무 쓸모없다는 것은 얼마 지나지 않아 관측 결과로부터 명백해질 일이었다. 긴 시간 간격을 두고 일어났다가 사라지는 이러한 현상들은 자연의 질서를 거스르는 것처럼 보였고, 인간들이 지상에서 저지른 죄악에 분노한 하늘이 앙갚음의 표시로 만들어낸 것이라고 여겨졌다. 따라서 1456년에 나타난 혜성의 긴 꼬리는, 그 직전에 동로마 제국을 붕괴시킨 튀르크의 급성장을 보고 이미 낙담하고 있던 전 유럽에 공포 분위기를 조성했다. 이 별은 궤도를 네 차례 더 회전한 후 [즉 수십 년 간격으로 네 차례 더 나타난 이후] 사람들에게 완전히 다른 흥미를 불러일으켰다. 그 기간 동안 사람들은 우주의 체계를 지배하는 법칙을 알게 되었으므로, 인간과 우주 사이의 진정한 관계에 대해 알지 못했기 때문에 품었던 공포는 버리게 되었다. 핼리(E. Halley, 1656~1742)는 [1705년에] 그 혜성이 1531년, 1607년, 1682년에 나타났던 것과 같은 별임을 알아내고는 그 혜성이 다시 나타날 시기가 1758년 말이나 1759년 초가 될 것이라고 예측했다. 혜성이 다시 나타난다면 과학에서 이룬 가장 위대한 발견 중 하나가 확인되는 셈이며, 아주 먼 곳에서 오는 그 별들의 운행에 대해 "지금은 감춰져 있는 것이 여러 세기에 걸친 추적과 연구 끝에 명백히 드러날 것인데, 그처럼 분명한 것을 우리가 깨닫지 못한 것에 대해 후세 사람들은 놀라워할 것이다"라고 했던 세네카의 예언이 이루어지는 셈이었다. 따라서 학계에서는 혜성이 다시 돌아오기를 초조하게 기다렸다. 클레로(A. C. Clairaut, 1713~1765)는 혹성 중 가장 큰 목성과 토성의 운동 때문에 혜성에 생긴 섭동의 분석을 시도했다. 계산을 엄청나게 많이 한 이후 그는 혜성이 다음번에 근일점(近日點)을 통과하는 시점이 1759년 4월초 무렵일 것이라고 못 박았는데, 관측 결과 이 주장은 곧 사실로 밝혀졌다. 의심할 바 없이 혜성의 운동에 대해 천문학에서 볼 수 있는 규칙성은 다른 모든 현상에서도 나타난다. 공기나 액체 속에 있는 단순한 분자의 궤적도 혹성 궤도의 규칙성과 마찬가지로 분명한 것인데, 둘 사이에 차이가 있다면 그 차이는 우리의 무지 때문에 생긴 것이다. 확률은 부분적으로는 이러한 무지에 대해 상대적이고, 또 부분적으로는 우리가 가진 지식에 대해 상대적이다. 우리가 셋 이상의 사건 가운데 단 하나의 사건만 일어나야 한다는 것은 알지만, 그 사건들 가운데 어느 사건이 일어날지에 대해서는 믿을 만한 것이 없다고 해보자. 이처럼 결정할 수 없는 상황에서는 사건의 발생에 대해 무언가를 확실하게 말하기란 불가능하다. 하지만 일어날 수 있는 사건은 단 하나의 사건뿐이므로, 같은 가능성을 갖는 다른 여러 사건 중 하나가 일어나면 우리가 임의로 고른 특정 사건이 일어나지 않을 것이라고 말할 수는 있다.

우연에 대한 이론[2]은 같은 종류로 이루어진 전체 사건

---

2) (옮긴이 주) 라플라스의 글에서 자주 볼 수 있는 'calcul des probabilités', 'théorie des probabilités', 'calcul des hasards', 'théorie des hasards'라는 용어, 그리고 'analyse des probabilités', 'analyse des hasards'와 같은 용어들은 가끔 확률(또는 우연)의 계산(또는 이론, 또는 해석)으로도 옮겼지만 사실상 모두 '확률에 대한 수학적인 이론'을

들을 일정한 수의 경우들로 바꾸는 것이다. 그 경우들은 일어날 가능성이 같은 것들, 다시 말해 그 경우가 존재하는지 결정할 수 없는 정도가 모두 같은 경우들이다. 우리가 확률을 구하고 싶은 사건이 있다면 그 사건에 유리한 경우들의 수를 헤아려서 그 수를 모든 경우의 수로 나눈 비가 이 확률의 측도가 된다. 따라서 사건의 확률은 그 사건에 유리한 경우의 수가 분자이고, 전체 경우의 수가 분모인 분수일 따름이다.[3)]

뜻하는 것이라 볼 수 있으므로 대개의 경우 '확률론'으로 옮겼다.

3) (옮긴이 주) '가능성이 동일한 경우들'이란 사실상 '확률이 동일한 경우들'이나 마찬가지이므로 확률에 대한 라플라스의 정의는 순환 논리의 오류를 담고 있다. 또한 그의 정의는 서로 다른 재료로 만든 주사위의 경우처럼 현실적으로 전체 경우를 가능성이 같은 경우들로 분할하기가 사실상 불가능한 경우에는 무력하다는 비판도 받는다. 그리고 불충분한 이유의 원리 역시 확률을 정의하는 데 일관성이 없는 원리라는 비판을 받아왔는데, 미제스(R. von Mises)가 제시한 다음의 예가 이를 잘 보여준다. 1과 2 사이의 구간을 반으로 나누면 (1, 3/2)과 (3/2, 2)로 나뉘는데 불충분한 이유의 원리에 따르면 각 구간의 확률은 1/2씩이다. 그런데 구간 (1, 2)의 역수를 취하면 (1/2, 1)이 되고 이 구간을 반으로 나누면 (1/2, 3/4)과 (3/4, 1)이 되는데 이 구간들은 앞의 작은 구간의 역수, 즉 (1/2, 2/3), (2/3, 1)과 다르고 확률도 다를 수밖에 없다 [Mises, R., 《Probability, Statistics and Truth》(Macmillan, 1957), 77쪽].

이처럼 확률을 규정하고 나면 유리한 경우의 수와 가능한 전체 경우의 수에 같은 수를 곱하더라도 확률은 변하지 않는다. 이를 확실하게 알아보려면 A, B라는 두 항아리가 있고, A에는 흰 공 네 개와 검은 공 두 개, B에는 흰 공 두 개와 검은 공 하나가 들어 있다고 하자. 여기서 A에 있는 검은 공 둘을 실로 묶었는데 둘 중 하나가 선택된 순간 실이 끊어진다고 하자. 그 항아리 속에 든 흰 공 네 개도 마찬가지로 둘씩 묶는다. 검은 공 묶음을 선택하는 모든 기회에는 검은 공 하나를 뽑게 된다. 여기서 만약 공을 연결한 실이 끊어지지 않는다면, 가능한 모든 기회의 수는 변하지 않고 검은 공을 뽑는 기회의 수도 변하지 않지만 항아리에서 뽑히는 공은 두 개가 된다. 이때 항아리에서 검은 공을 뽑을 확률은 이전과 꼭 마찬가지다. 그런데 이 경우는 공 세 개가 들어 있는 항아리 B와 같아진다. 차이는 공 세 개 대신 두 공이 뗄 수 없도록 연결된 세 묶음으로 바뀐 것뿐이다.

모든 경우가 어떤 사건에 유리하다면 그 사건의 확률은 확실성으로 바뀌며 1이라고 표현된다. 확실성과 확률은 이렇게 비교 가능하다. 물론 심리 상태로 본다면, 진리가 엄밀하게 입증되었을 때와 그렇지 않은 경우 사이에는 본질적인 차이가 있을 것이다.

같은 대상에 대해 다양한 의견이 생기는 주요한 원인 중 하나는 단지 가능성만 있는 것들에 대해 사람들이 갖는 데이터가 다르다는 것이다. 가령 A, B, C 세 항아리가 있는데, 한 군데에는 검은 공만 들어 있고 다른 두 군데에는 흰 공만 들어 있다고 해보자. 이때 항아리 C에서 공을 하나 꺼낼 때 그 공이 검은 공일 확률은 얼마일까? 검은 공만 들어 있는 항아리가 어느 항아리인지 모른다면, 즉 항아리 B나 A가 아니고 항아리 C에 검은 공이 있다고 믿을 이유가 없다면, 각 항아리에 검은 공이 들어 있을 것이라는 세 가지 가설은 모두 가능성이 같아 보일 것이다. 따라서 단지 검은 공이 들어 있는 항아리가 C일 때에만 검은 공이 뽑힐 것이고, 항아리 C에서 뽑은 공이 검은 공일 확률은 1/3이 될 것이다. 만약 항아리 A에는 흰 공만 들어 있다는 것을 안다면 확실하지 않은 항아리는 B와 C뿐이므로 항아리 C에서 뽑은 공이 검은 공일 확률은 1/2이다. 마지막으로 만약 A와 B에는 흰 공만 들어 있다는 것을 안다면 그 확률은 확실성으로 바뀐다.

따라서 한 가지 일을 많은 사람들에게 설명했을 때, 듣는 사람이 알고 있는 정도에 따라 믿는 정도가 다양해지는 것이다. 만일 그 일을 알려주는 사람이 그것이 참이라고 깊이 믿는 사람일 뿐더러 그의 직업이나 성격상 큰 신뢰감을 심어주는 사람이라면, 그가 설명하는 것이 아무리 이상한 것이더라도 아무것도 모르는 청중들은 그 사람이 일상적인 일을 알려줄 때와 마찬가지 정도로 그의 말을 받아들이게 될 것이므로 그의 말을 무조건 믿을 것이다. 하지만 그 사람이 말하는 것은 그에 버금갈 만큼 존경받는 다른 사람이 부정했던 것임을 아는 사람은 그의 말을 의심할 것이다. 또한 그 말이 잘 입증된 사실이나 엄연한 자연법칙과 어긋난다고 간주하는 박식한 사람이라면 그 말을 거짓이라고 판단할 것이다.

무지했던 시대에 지구를 뒤덮었던 오류들이 퍼져나간 것은, 대중들이 가장 박식하다고 판단했던 사람들이 가졌던 의견의 영향과 인생에서 가장 중요한 일에 관해 대중들이 습관적으로 신뢰했던 사람들의 탓이었다. 아주 좋은 예가 마술과 점성술이다. 유아기 때부터 반복해서 배우고, 따져보지도 않고 받아들였으며, 단지 보편적으로 사람들이 쉽게 믿는다는 것에 바탕을 둔 이러한 오류들은 대단히 오랜 세월 동안 그 지위를 누렸다. 사리에 밝은 사람들의 마음에서 그것들이 마침내 사라진 것은 과학의 진보 덕분이었다. 이어서 사리에 밝은 사람들의 생각을 널리 퍼뜨린 모방과 관습의 힘을 통해 보통 사람들도 그 오류들을 버리게 되었다. 그러한 힘은 생각들을 나라 전체에서 확립하고 보존하는 역할을 하는 정신세계의 가장 풍요로운 자원이다. 다른 곳에서는 그와 정반대되는 생각들을 마찬가지로 확신하고 있다. 우리와 다른 의견이 순전히 상황 때문에 생긴 다양한 관점으로 인한 것이라면, 그 의견들에 관대하지 못할 이유가 무엇이겠는가! 충분한 가르침을 받지 못한 것으로 보이는 사람들을 계몽시키자. 하지만 그 전에 먼저 우리 자신의 생각을 철저히 검토해 보고 공평하게 각각의 확률을 비교해 보자.

그런데 생각의 차이는 우리가 알고 있는 데이터가 가진 영향을 판단하는 방식에 따라서도 좌우된다. 확률 이론은 그처럼 민감한 사항에 관계되므로 특별히 복잡한 문제에 있어서는 꼭 같은 데이터를 가지고 두 사람이 서로 다른 결과를 얻더라도 놀랄 일이 아니다.

3장
확률론의 일반적인 원리들

제1원리

제1원리는 확률의 정의 자체로서, 앞에서 우리가 본 것처럼 유리한 경우의 수를 모든 가능한 경우의 수로 나눈 것을 말한다.

제2원리

그런데 이 정의에서는 여러 경우들이 같은 가능성을 갖는다고 가정한다. 만일 그렇지 못하다면 우리는 먼저 각 경우들의 확률을 정해야 하는데, 이를 적절히 판단하는 것은 우연에 대한 이론에서 가장 까다로운 부분이다. 사건의 확률은 사건에 유리한 경우들의 가능성을 합한 것이다. 이 원리를 예를 들어서 설명해 보자.

크고 매우 얇은 동전을 던진다고 하자. 우리가 앞면, 뒷면이라고 부를 동전의 양면은 서로 완벽히 닮은 모습이며, 우리는 동전을 두 번 던졌을 때 적어도 앞면이 한 번 이상 나올 확률을 구하고 싶다. 당연히 가능한 경우는 모두 네 가지다. 즉 두 번 모두 앞면인 경우, 처음에는 앞면, 나중에는 뒷면인 경우, 처음에는 뒷면 나중에는 앞면인 경우, 두 번 모두 뒷면인 경우가 그것들이다. 우리가 알고 싶은 사건에 유리한 경우는 처음 세 가지의 경우이므로 결국 이 사건의 확률은 3/4이 되고, 동전을 두 번 던질 때 앞면이 적어도 한 번 나올 승산(odds)은 3 대 1이 된다.[4)]

이 게임에서 우리는 세 가지 경우만 생각해도 된다. 처음 던졌을 때 앞면이 나오는 경우가 그중 하나인데, 이때에는 [이미 앞면이 나왔으므로] 동전을 한 번 더 던질 필요가 없다. 또 다른 경우는 처음 던졌을 때 뒷면이 나오고 두 번째 던졌을 때 앞면이 나오는 경우다. 그리고 세 번째 경우는 두 번 모두 뒷면이 나오는 경우다. 만일 달랑베르(J. R. D'Alembert, 1717~1783)처럼 이 세 경우의 가능성이 같다고 생각하면 [우리가 구하는] 확률은 2/3가 될 것이다.

---

4) (옮긴이 주) 당시에 라플라스가 '승산'이라는 표현을 쓴 것은 아니다. 그는 "두 번 던진 것 중에서 앞면이 적어도 한 번 나온다는 것은 3 대 1로 확실하다(Il y a trois contre un à parier que croix arrivera au moins une fois en deux coups)"고 썼다(EPP, 13쪽). 여기서는 데일(Dale, 6쪽)의 영어 번역을 좇아 오늘날 널리 쓰이는 '승산(odds)'이라는 표현으로 옮겼다. 'odds'라는 용어는 성공-실패, 생존-사망 등과 같이 상반된 두 가지 경우 가운데 유리한 경우와 불리한 경우의 비를 뜻하는 말로서 우리말로는 승산, 승률 등으로 옮길 수도 있는데, 근래에는 이를 번역하지 않고 '오즈'라고 쓰는 경우도 많이 볼 수 있다.

하지만 처음 던졌을 때 앞면이 나올 확률은 분명히 1/2이고, 나머지 두 경우의 확률은 각각 1/4이다. 세 경우 중 첫 번째 경우[처음 던졌을 때 앞면이 나오는 경우]는 두 사건, 즉 두 번 모두 앞면인 경우와 처음에는 앞면, 나중에는 뒷면인 경우가 결합되어 생긴 단순사건이다. 제2원리에 합당하도록 처음 앞면이 나올 확률 1/2과 처음에는 뒷면 다음에는 앞면이 나올 확률 1/4을 더하면 우리가 원하는 확률 3/4을 얻게 되고, 이 결과는 동전을 두 번 다 던진다고 가정했을 때 구한 확률과 같다. 이 가정은 이 사건에 돈을 거는 사람의 운에는 아무 영향을 미치지 않으며, 단지 여러 경우들을 가능성이 같은 경우들로 바꿀 때 쓸모가 있을 뿐이다.

제3원리

확률 이론에서 가장 중요한 점 중 하나이자 대부분의 사람들을 착각에 빠트리는 점은 서로 결합시켰을 때 확률이 커지거나 작아지는 방식이다. 만일 사건들이 서로 독립[5]이라면 그들이 함께 일어날 확률은 각 확률의 곱이다.

---

5) (Dale, 138쪽) '독립'에 대해서는 1718년에 드무아브르가 《우연론(The Doctrine of Chances)》 제1판에서 "두 사건이 독립이면 한 사건의 확률을 나타내는 분수와 다른 사건의 확률을 나타내는 분수의 곱이

따라서 주사위 하나를 던져서 에이스[6]가 나올 확률은 1/6이고 주사위 두 개를 동시에 던져서 에이스가 둘 나올 확률은 1/36이 된다. 한 주사위의 각 면은 다른 주사위의 여섯 면과 짝을 지을 수 있으므로 가능한 경우는 모두 36가지가 되고, 그중 에이스가 둘인 경우는 하나다. 일반적으로 같은 상황에서 한 가지 단순사건이 정해진 숫자만큼 이어서 발생할 확률은, 단순사건의 확률을 그 정해진 숫자만큼 거듭제곱하면 된다. 따라서 1보다 작은 수를 곱해나가면 그 값은 계속해서 작아지므로, 매우 큰 확률을 갖는 여러 사건으로 이루어진 어떤 사건이 있다면 그 사건은 극도로 일어나기 어려울 수도 있다. 가령 첫 번째 증인이 두 번째 증인에게 전달하고, 두 번째 증인은 세 번째 증인에게 전달하는 식으로 어떤 사실이 증인 스무 명을 거쳐 우리에게 전달된다고 해보자. 그리고 각 증언의 확률이 9/10라고 해보자. 마지막 단계에서 그 증언의 확률은 1/8에도 못

두 사건이 함께 일어날 확률과 같다"고 한 바 있다. 또한 그는 1756년 그 책의 제3판에서 "한 사건이 다른 사건과 아무런 연결도 되어 있지 않으며 한 사건이 일어나는 것이 다른 사건이 일어나는 데 도움이 되지도 않고 장애가 되지도 않는다면, 그 두 사건은 독립이다"라고 독립을 정의했다.

6) (옮긴이 주) '1'을 말한다.

미친다. 이처럼 확률이 줄어드는 것은 마치 유리를 여러 장 겹쳐두고 빛을 통과시키면 빛이 약해지는 것과 가장 잘 비교될 수 있다. 유리 한 장을 통해서는 또렷이 볼 수 있던 물체를 보이지 않게 만들려면, 상대적으로 그리 많지 않은 유리들을 겹치는 것으로 충분하다. 역사가들은 많은 세대에 걸쳐 전승된 사실의 확률이 이처럼 감소하는 것에 대해 충분한 주의를 기울이지 않는다. 이런 식으로 검토해 보면 확실한 사실이라고 평판이 나 있는 많은 역사적 사건들도 기껏해야 의심스러운 사실에 머물 것이다.

순수 수학에서는 기본 원리에서 유도된 것이라면 그것이 아무리 많은 단계를 거쳐 유도되었더라도 그 원리와 아무 차이 없이 확실하게 참이다. 해석학을 물리학에 응용할 때, 그 추론 결과는 사실이나 실험과 똑같은 확실성을 갖는다. 하지만 인간과학에서 각 추론은 단지 확률적인 방식으로 그 앞의 추론에서 연역된다. 따라서 각 연역의 확률이 아무리 높더라도 추론이 거듭됨에 따라 오류의 확률도 높아져서 결국 처음 원리에서 여러 단계를 거쳐 도달한 결론이 참일 확률보다 오류의 확률이 더 커져버린다.

제4원리

두 사건이 서로 종속되어 있다면, 복합사건의 확률은

처음 사건의 확률과 그 사건이 일어났을 때 다른 사건이 일어날 확률을 곱한 것이다. 그러므로 앞서 살펴본 것처럼 두 곳에는 흰 공만 들어 있고 한 곳에는 검은 공만 들어 있는 A, B, C 세 항아리 예제에서 항아리 C에서 흰 공을 뽑을 확률은 2/3이다. 왜냐하면 세 항아리 중 두 항아리에는 흰 공만 들어 있기 때문이다. 하지만 항아리 C에서 흰 공이 일단 뽑히고 나면, 검은 공만 들어 있는 항아리를 찾는 문제는 A, B 두 항아리에만 해당되는 문제가 되므로 항아리 B에서 흰 공을 뽑을 확률은 1/2이 된다. 2/3와 1/2을 곱한 값, 즉 1/3이 항아리 B와 C에서 동시에 흰 공 두 개를 뽑을 확률이다. 사실 이런 결과가 나오려면 세 항아리 중에서 항아리 A에 검은 공이 들어 있어야 하므로 이 경우의 확률은 분명히 1/3이다.

이 보기에서 미래 사건의 확률에 미치는 과거 사건의 영향에 대해 알 수 있다. 항아리 B에서 흰 공을 뽑을 확률은 원래 2/3였으므로 항아리 C에서 흰 공이 나오고 나면 그 확률은 1/2이 되며, 항아리 C에서 검은 공이 나왔다면 그 확률은 확실성(즉 확률 1)으로 바뀐다. 이러한 영향은 앞의 원리에서 따라 나오는 다음 원리로부터 구할 수 있다.

제5원리

만약 이미 일어난 어떤 사건의 확률과, 우리가 기대하는 다른 사건과 그 사건으로 이루어진 복합사건의 확률을 미리 계산했다고 하자. 이때 이미 일어난 어떤 사건의 확률을 가지고 복합사건의 확률을 나누어주면, 이미 관측한 사건이 발생했다는 조건 속에서 우리가 기대하는 사건이 일어날 확률이 된다.

과거가 미래의 확률에 미치는 영향에 관해 몇몇 철학자들이 제기한 문제가 여기서 저절로 나타난다. 앞면 또는 뒷면 게임에서 앞면이 뒷면보다 더 자주 나왔다고 해보자. 이것만 가지고도 우리는 그 동전은 원래부터 앞면이 더 잘 나오도록 편향된 동전이라고 믿는 경향이 있다. 따라서 일상생활에서 부단한 성공은 능력의 증거로 생각되므로 사람을 고를 때 우리는 성공한 사람을 더 선호하게 된다. 그런데 만일 변덕스러운 상황들 탓에 우리가 계속해서 아무것도 결정할 수 없는 상태에 빠진다면, 예컨대 앞면, 뒷면 게임에서 동전을 던질 때마다 동전을 바꾼다면 과거는 미래에 대해 아무것도 알려줄 수 없으므로 과거의 결과를 고려하는 것은 터무니없는 노릇이다.

제6원리

관측한 사건의 원인이 될 수 있는 원인들이 많이 있다고 하자. 관측한 사건의 확률을 각 원인별로 비교했을 때, 그 확률이 크면 클수록 그 원인이 작용했을 가능성이 커진다. 따라서 원인들 중 어느 것이 존재할 확률은 그 원인이 주어졌을 때 사건의 확률을 분자로, 또 그와 마찬가지 확률을 모든 원인에 대해 합한 것을 분모로 갖는 분수다. 만일 처음에(à priori) 각 원인들의 가능성이 모두 똑같지 않다면, 원인이 주어졌을 때 사건의 확률을 사용하는 대신 이 확률에 그 원인의 가능성 자체를 곱한 것을 이용할 필요가 있다. 이것이 바로 사건으로부터 원인에 대한 추론으로 이루어지는 확률 해석 분야에서 근본이 되는 원리다.[7)]

이 원리로부터 우리는 규칙적인 사건이 생기는 것은

---

7) (옮긴이 주) 역확률에 대한 설명이다. 자코브 베르누이나 드무아브르 등 18세기 중반까지의 연구자들은 원인의 확률로부터 사건의 확률을 구하는 'direct probability'를 연구했던 반면(연역적 계산), 18세기 후반 베이스, 프라이스, 하틀리, 라플라스 등은 거꾸로 관측 사건으로부터 원인의 확률을 추론하는 귀납적인 방법, 즉 역확률을 연구했다. 여기서 라플라스가 '원리'로 제시한 것은 아래와 같다. 서로 배반이고 모두를 망라하는(mutually exclusive and exhaus- tive) n 가지 원인을 C_1, C_2, $\cdots, C_n$이라 하고 관측 사건을 E라고 할 때,

특별한 원인 때문이라고 생각하게 되는 이유를 알 수 있다. 몇몇 철학자들은 규칙적인 사건은 다른 사건들보다 덜 일어난다고 생각했다. 예를 들자면 앞면, 뒷면 게임에서 앞면이 20회 이어서 나오는 복합사건은 앞면과 뒷면이 불규칙적으로 섞여 나오는 복합사건보다 본질적으로 일어나기 어려울 것이라고 생각했던 것이다. 그런데 이런 생각은 과거의 사건들이 미래 사건의 가능성에 영향을 미친다는 가정을 깔고 있는 것으로서 옳지 않은 생각이다. 규칙적인 결합 사건이 드문 이유는 단지 그런 사건의 수가

$\Pr[C_j|E] = \dfrac{\Pr[E|C_j]}{\sum_i \Pr[E|C_i]}$. 이 연구를 발표한 1774년 당시 라플라스는 원인들의 가능성은 모두 같아야만 한다고, 즉 $\Pr[C_i] = \frac{1}{n}$이라고 생각하고는 원인의 확률 자체는 따로 언급하지 않았다. 라플라스가 본문에 있는 것처럼 원인의 가능성이 모두 같지 않을 경우, 즉 오늘날 보통 베이스 정리라고 불리는 $\Pr[C_j|E] = \dfrac{\Pr[E|C_j]\cdot\Pr[C_j]}{\sum_i \Pr[E|C_i]\cdot\Pr[C_i]}$, $(j=1,\cdots,n)$라는 결과(잘 알려져 있듯이 1764년에 나온 베이스의 논문에는 이 결과가 나오지 않는다)를 증명한 것은 수십 년 지난 뒤인 1814년이었다. 하지만 베이스의 논문이 1780년까지도 거의 알려지지 않은 상태였기 때문에 1774년에 나온 라플라스의 역확률 연구는 사실상 역확률을 처음으로 널리 알리는 대단히 중요한 연구로 평가된다. 이 논문을 영어로 옮기고 해설한 것을 보려면 다음을 참조할 것. Stigler, S. M., 〈Laplace's 1774 Memoir on Inverse Probability〉《Statistical Science》(vol. 1, 1986), 359~378쪽.

적기 때문이다. 우리가 만일 대칭을 만날 때마다 원인을 찾는다면, 그 이유는 우리가 대칭적인 사건의 가능성이 다른 사건보다 더 낮다고 생각하기 때문이 아니다. 그보다 이 사건은 규칙적인 원인 때문이거나 우연 때문일 텐데 우연의 결과이기보다는 규칙적인 원인의 결과일 가능성이 더 높기 때문이다. 우리가 테이블 위에 'Constantinople'이라는 순서로 배열되어 있는 알파벳 철자들을 본다면, 우리는 이 배열이 우연의 결과가 아니라고 판단한다. 그 이유는 그럴 가능성이 다른 가능성보다 낮기 때문이다. 만일 이 단어가 어느 언어에서 쓰이는 단어가 아니라면, 그것이 특정 원인 때문에 생겼다고 생각해서는 안 된다. 하지만 이 단어는 우리가 사용하는 단어이므로 이 배열이 우연히 생겼을 가능성보다는 누군가가 그렇게 배열했을 가능성이 비교할 수 없을 만큼 더 높다.

이제 '비상한(extraordinary)'이라는 단어를 정의할 순서다. 우리는 사고 속에서 모든 가능한 사건들을 다양한 계급으로 배열하는데, 아주 적은 수의 사건을 포함하는 계급을 '비상한' 계급이라고 간주해 보자. 따라서 앞면, 뒷면 게임에서 앞면이 계속해서 100번 나오는 것은 비상한 것으로 보인다. 왜냐면 동전을 100번 던져서 나오는 결합들의 수는 거의 무한대이고, 그 결합들을 우리가 파악하기 쉬운 순서로 된 규칙적인 배열과 불규칙적인 배열로 구분해 보면 불규칙적인 배열들이 비교할 수 없을 만큼 더 많기 때문이다. 항아리 속에 공이 100만 개 들어 있는데, 그중 단 하나만 흰 공이고 나머지는 모두 검은 공이라고 해 보자. 우리는 두 가지 색에 대해 계급을 둘만 만들기 때문에 그 항아리에서 흰 공을 뽑는 것은 마찬가지 이유로 비상한 사건이다. 하지만 우리는 숫자가 100만 개 들어 있는 항아리에서 가령 475,813이라는 숫자를 뽑는 것은 통상적인 사건이라고 여긴다. 왜냐하면 계급으로 나누지 않고 숫자들을 개별적으로 서로 비교하면, 그중 하나가 다른 것들보다 더 자주 나올 것이라고 믿을 이유는 전혀 없기 때문이다.

여기까지의 내용으로부터 우리가 내려야 할 결론은, 일반적으로 사건이 비상할수록 강력한 증거로 뒷받침될 필요성이 커진다는 것이다. 어떤 일이 사실일 확률이 작으면 작을수록 그 일을 목격한 사람이 거짓말을 하거나 잘못 알고 있을 확률도 커진다. 이는 우리가 증언의 확률에 대해 이야기할 때 특별히 두드러질 것이다.

제7원리

어떤 미래 사건의 확률은 그 사건이 주어졌을 때 각 원인의 확률과 그 원인이 존재할 때 이러한 미래 사건이 일어날 확률을 곱해서 모두 합한 것이다.[8] 다음 보기에서 이 원리를 잘 알 수 있다.

공이 두 개 들어 있는 항아리가 있는데, 각 공은 흰색 아니면 검은색이라고 하자. 그중 하나를 꺼내고 나서 새로 공을 꺼내기 전에 그 공을 다시 항아리 속에 넣는다. 처음 두 차례 꺼낸 공이 모두 흰 공이라고 할 때 세 번째로 뽑힌 공이 또 흰색일 확률은 얼마일까?

여기서 가능한 가설은 두 가지다. 흰색과 검은 공이 하나씩일 경우와 둘 다 흰 공일 경우. 처음 가설이 옳을 때 관측한 사건의 확률은 1/4이며, 두 번째 가설이 옳을 때 관측한 사건의 확률은 1, 즉 확실성이다. 따라서 이러한 가설들을 모두 원인으로 간주하면 제6원리에 따라 관측된 사건이 주어졌을 때 각 확률은 1/5과 4/5가 된다. 이제 첫 번째 가설에서 세 번째 뽑은 공이 흰 공일 확률은 1/2이며, 두 번째 가설에서는 1이다. 이 마지막 확률들에 각 가설의 확률을 곱하면 그 곱들의 합, 즉 9/10가 세 번째 공이 흰색

---

8) (Dale, 141쪽) 관측된 사건을 E_1, 미래 사건을 E_2라고 할 때, $\Pr[E_2 \mid E_1] = \sum_i \Pr[C_i \mid E_1] \Pr[E_2 \mid C_i]$. 이 식이 성립하려면 모든 i에 대해 $\Pr[E_2 \cap E_1 \mid C_i] = \Pr[E_1 \mid C_i] \Pr[E_2 \mid C_i]$라는 가정이 충분조건인데, 라플라스는 이 가정을 명확히 밝히지 않았다.

일 확률임을 알 수 있다.

단순사건의 확률을 모른다면, 0과 1 사이의 아무 값이든 그 확률의 값이 될 가능성이 같다고 가정할 수 있다. 제6원리에 따라 관측 사건이 주어졌을 때 각 가설의 확률은 이 가설에서 사건의 확률이 분자가 되고, 각 가설에서 그와 같은 확률의 합이 분모인 분수가 된다. 따라서 사건의 확률이 주어진 한계 이내에 있을 확률은 그 한계 이내에 있는 분수들의 합이다. 이제 해당 가설이 주어졌을 때 미래 사건의 확률과 각 분수를 곱하고 모든 가설에 걸쳐 그 곱한 것들의 합을 취하면, 제7원리에 따라 관측 사건이 주어졌을 때 미래 사건의 확률이 된다.[9] 따라서 어떤 사건이 일정한 횟수만큼 계속 일어났을 때 다음번 그 사건이 또 일어날 확률은 그 횟수에 1을 더한 값을 그 횟수에 2를 더한 값으로 나눈 것임을 알 수 있다. 예를 들어 유사 이래 오늘까지 5,000년 동안 날이 밝았다면 24시간 주기로 1,826,213일 동안 계속 쉬지 않고 태양이 떠오른 셈이다. 그렇다면 우리는 내일 다시 해가 뜰 승산이 1,826,214 대 1이라고 할 수 있을 것이다.[10] 하지만 현상은 언제나 시종

---

9) (Dale, 142쪽) $\Pr[F|E] = \dfrac{\sum_i \Pr[E|H_i]\Pr[F|H_i]}{\sum_i \Pr[E|H_i]}$.

일관하는 것이라고 여기고 그 속에서 날과 계절을 지배하는 원리를 찾는 사람이라면, 현재로서는 태양의 운동을 제지할 수 있는 것이 아무것도 없으므로 [내일 다시 해가 뜰 승산이] 이보다 비교할 수 없을 만큼 더 크다고 생각할 것이다.

《도덕 산술(Arithmétique Morale)》에서 뷔퐁(G. L. L. Buffon, 1707~1788)은 이 확률을 다르게 계산했다. 그는

---

10) (옮긴이 주) 여기에 나오는 규칙은 후대에 존 벤(John Venn)이 《The Logic of Chance》(1888), 190~202쪽에서 '라플라스의 계승 규칙(Laplace's rule of succession)'이라고 부르게 되는 것으로서, 성공 확률이 p 인 베르누이 시행을 n 회 독립적으로 반복한 결과 성공이 r 회 나왔다고 할 때, 다음 시행에서 성공이 나올 확률을 구하기 위한 규칙이다. 라플라스는 p 의 사전분포가 0과 1 사이에서의 균등분포라면 p 의 사후분포가 베타분포가 되므로 다음 시행에서 성공이 나올 확률은 그 사후 기댓값 $\dfrac{\int_0^1 p^{r+1}(1-p)^{n-r}\,dp}{\int_0^1 p^{r}(1-p)^{n-r}\,dp} = \dfrac{r+1}{n+2}$ 이 된다고 했다. 라플라스가 이 규칙을 적용한 질문, 즉 '내일 태양이 떠오를 확률이 얼마인가?'라는 유명한 질문은 라플라스 이전에 이미 1739년 철학자 흄을 비롯하여 베이스의 논문을 정리해서 발표했던 리처드 프라이스, 라플라스가 본문에서 잠깐 언급하는 뷔퐁 등 18세기에 여러 학자들이 논의했던 귀납 추론의 문제였다[S. L. Zabell, 〈Buffon, Price, and Laplace: Scientific Attribution in the 18th Century〉 《Archive for History of Exact Sciences》(vol. 39, 1988), 173~181쪽].

그 값과 1의 차이는 단지 작은 분수에 지나지 않는데, 그 분수의 분자는 1이고 분모는 유사 이래 지나온 날의 수만큼 2를 거듭제곱한 것이라고 가정했다. 이 유명한 학자께서는 과거의 사건을, 원인과 미래 사건의 확률과 연결 짓는 올바른 방법을 몰랐던 것이다.

4장
기댓값에 대해

사건의 확률은 그 사건의 발생으로부터 영향을 받는 사람들의 희망이나 두려움이 어느 정도인지 결정하는 데 이용된다. 기댓값(expectation, espérance)이라는 단어는 다양하게 해석할 수 있다. 통상 이 단어는 어떤 사람이 [확실하지 않고] 단순히 가능성만 있는 가정하에서 무언가 이득을 기대할 때 그가 얻을 이익을 뜻한다. 우연에 대한 이론에서 이러한 이득은 기대하는 금액과 그 금액을 얻을 확률을 곱한 것이다. 우연에 따라 정해지는 결과에 의해 금액을 분배할 때에는 운 또는 불운이라는 위험이 따른다. 기댓값은 그러한 위험 없이 전체 금액을 확률에 비례하여 분배한다고 할 때 받게 되는 액수로서 전체 금액의 일부분에 해당한다. 동일한 정도의 확률은 기대되는 금액에 대해 동일한 권리를 부여하므로, 이렇게 나누는 것은 모든 부당한 상황을 제거하고 공정하게 분배하는 유일한 방법이다. 우리는 이 이득을 수학적 기댓값(mathematical expectation, espérance mathématique)이라고 부를 것이다.[11)]

제8원리

이득이 여러 사건에 따라 결정될 때, 수학적 기댓값은 각 사건의 확률과 그 사건 발생에 관련된 이득의 곱을 합쳐서 구한다.

이 원리를 몇 가지 보기에 적용해 보자. 앞면, 뒷면 게임에서 폴(Paul)은 처음 동전을 던져서 앞면이 나오면 2프랑을 받고, 두 번째 던졌을 때에만 앞면이 나오면 5프랑을 받는다고 해보자. 2프랑에 1/2(처음 경우의 확률)을 곱하고 5프랑에 1/4(두 번째 경우의 확률)을 곱해서, 우리는 폴의 이득이 두 값을 합한 $2\frac{1}{4}$ 프랑임을 알 수 있다. 그런데 공정한 게임에서는 게임 참가비가 그 게임에서 얻을 수 있는 이득과 같아야만 하므로 이 금액은 이러한 이득을 제공하는 사람에게 폴이 미리 지불해야 할 액수다.

이번에는 동전을 처음 던져서 앞면이 나오면 폴이 2프

---

11) (옮긴이 주) 확률에 대한 수학적인 연구는 1654년 파스칼과 페르마의 편지에서 시작되었다고 할 수 있는데, 하위헌스(Christiaan Huygens, 1629~1695)가 《도박에서의 계산에 대해(De Ratiociniis in Ludo Aleae)》(1657)에서 수학적 기댓값을 중요한 요소로 소개했다. 하위헌스의 글은 베르누이의 《추측술(Ars Conjectandi)》(1713)에 다시 실려 있는데, 이를 비롯하여 18세기 이전의 확률 연구에 대해서는 《추측술》(조재근 옮김, 지식을만드는지식, 2008)을 보라.

랑을 받고, 처음에 앞면이 나왔든 말든 상관없이 동전을 두 번째로 던졌을 때 앞면이 나오면 5프랑을 받는다고 하자. 두 번째 던졌을 때 앞면이 나올 확률은 1/2이므로 2프랑에 1/2을 곱하고 5프랑에도 1/2을 곱하여 합치면 폴의 이득, 다시 말해 폴의 게임 참가비는 $3\frac{1}{2}$프랑임을 알 수 있다.

제9원리

어떤 것들이 일어나면 이득을 보고 다른 어떤 것들이 일어나면 손해를 입는 일련의 가능한 사건들이 있다고 하자. 이때 최종 이득을 구하려면, 유리한 사건들의 확률과 그 사건이 일어났을 때의 이득을 곱한 것을 모두 합한 뒤, 불리한 사건의 확률과 그 사건이 일어났을 때 입는 손실을 곱한 것을 모두 합한 것을 빼면 된다. 만일 두 번째 합이 먼저 구한 합보다 더 크다면 이득은 손실이 되며 기대는 불안으로 바뀌게 된다.

결국 우리는 살아가면서 항상 원하는 이득과 그 확률을 곱한 것이 적어도 손실과 그 확률을 곱한 것과 같도록 만들어야 한다. 하지만 그러자면 이득과 손실, 그리고 그 각각의 확률을 정확하게 추정할 필요가 있다. 그러기 위해서는 거꾸로 무척 예리한 정신과 명민한 판단력, 그리고 세상의 일에 대한 폭넓은 경험이 필요하다. 대부분의 사람들이 편견, 불안과 희망에 대한 환상, 그리고 토대가 허술한 성공과 행복에 대한 생각 따위로 그 자신을 사랑하는데, 그러한 것들로부터 자신을 지키는 방법을 알아야 할 필요도 있다.

수학자들은 앞에서 나온 원리들을 다음 문제에 적용하기 위해 많은 노력을 해 왔다. 폴은 동전을 처음 던져서 앞면이 나오면 2프랑을 받고, 단지 두 번째 던졌을 때 앞면이 나오면 4프랑, 단지 세 번째 던졌을 때 앞면이 나오면 8프랑 등등을 받는 조건으로 앞면, 뒷면 게임을 한다. 제8원리에 따르면 그가 이 게임에 참가비로 내야 할 금액은 동전을 던지는 횟수와 같아지므로 만일 이 게임이 무한히 계속된다면 그의 참가비는 무한대가 된다. 하지만 합리적인 사람 중에 이런 게임에 참가하기 위해 어느 정도의 금액, 가령 50프랑을 지불할 사람은 아무도 없을 것이다. 계산으로 구한 결과와 상식에 따른 결과 사이에 생기는 이러한 차이는 어디에서 온 것일까?[12] 우리는 그 차이가 다음과 같은 것들과 관계있음을 알 수 있다. 어떤 소득에 결부

---

12) (옮긴이 주) 수학적 기댓값이 현실과 동떨어진 것일 수도 있다는 이 유명한 역설은 '상트페테르부르크의 역설(St. Petersburg paradox)'이라고 불리는 것으로서, 이미 18세기 초부터 널리 알려져 있었다.

된 심리적인 이득은 그 소득에 비례하지 않으며, 또한 심리적인 이득은 수천 가지 상황에 따라 결정될뿐더러 종종 정의하기도 매우 어려운데, 그중에서 가장 보편적이고 중요한 것은 우리의 경제력이다. 실제로 1프랑이라는 금액이 100만 프랑을 가진 사람보다는 단돈 100프랑밖에 없는 사람에게 훨씬 큰돈이라는 것은 명백하다. 따라서 우리는 이득의 기댓값이 갖는 절대적인 가치를 그 상대적인 가치와 구분해야 한다. 상대적인 가치는 그 금액을 원하는 동기에 따라 정해지지만 절대적인 가치는 그러한 동기와 무관하다. 이러한 상대적인 가치를 추정할 수 있는 일반적인 원리를 제시하기란 불가능하지만, 그래도 다음에 소개할 다니엘 베르누이(D. Bernoulli, 1700～1782)의 원리는 많은 경우에 유용할 것이다.

제10원리

무한히 적은 금액의 상대적인 가치는 그 금액의 절대적인 가치를 그 금액에 이해관계를 갖는 사람의 총재산으로 나눈 것이다.[13] 여기서 우리는 모든 사람이 항상 그 가

13) (Dale, 144쪽) 이어지는 본문 내용을 정리하면 다음과 같다. x라는 금액의 상대적 가치를 y라 두었을 때 $dy = \frac{dx}{x}$ 다. 따라서 $y = \ln x$ 이며, 보

치가 0보다 큰 얼마간의 재산을 가졌다고 가정한다. 실제로 한 푼도 없는 사람이라 할지라도 그가 생산하는 것과 바라는 것에 대해 적어도 자신의 생존에 절대적으로 필요한 것 정도의 가치를 부여한다.

방금 제시한 원리를 분석해 보면 다음과 같은 규칙을 얻게 된다.

어떤 사람이 가진 재산 가운데에서 그가 기대하는 것들[가령 게임에서 따거나 잃을 수 있는 여러 액수들]과는 독립적인 부분[게임에서 처음에 가진 돈]을 재산을 측정하는 기본적인 단위로 삼고, 그가 기대하는 것들과 그것들의 확률에 따라 변하는 재산의 여러 값[게임에서 처음 가진 돈에 기대하는 것을 더해서 나오는 여러 값들]을 구한다. 이 값들을 각각 확률을 지수로 해서 거듭제곱한 다음 모두

다 일반적으로는 상수 $a>0$, b에 대해 $y=b\ln(\frac{x}{a})$가 된다. 처음에 a만큼의 돈을 가지고 도박을 시작한 사람이 x_i를 딸 확률이 p_i ($\sum_i p_i=1$)라 하면 상대적 가치는 $Y=\sum_i bp_i\ln(a+x_i)-b\ln a$가 된다[이 값은 상대적 가치의 수학적 기댓값에 해당하는 것으로서 라플라스는 이것을 '정신적 재산(moral fortune)'이라고 부른다(옮긴이 주)]. 이때 바로 이 Y 만큼의 정신적 재산에 대응하는 물질적 재산(physical fortune)을 X라고 한다면 $Y=b\ln X-b\ln a$이므로 $X=\prod_i(a+x_i)^{p_i}$가 된다. 라플라스가 '그가 기대하는 것으로부터 얻는 정신적 이득과 같은 만큼의 정신적 이득을 낳는 물질적 재산', 즉 '정신적 기댓값'이라고 일컫는 것은 $X-a$다.

곱하면 그 값은 물질적 재산(physical fortune)에 해당할 것이다. 이 물질적 재산은 기본적 단위와 그가 기대하는 것들로부터 얻는 것과 동일한 정신적 이득을 그에게 제공할 것이다. 이 곱으로부터 기본적 단위를 뺀 차이란 기대한 것들로 인한 물질적 재산의 증가량임을 알 수 있다. 우리는 이 증가량을 정신적 기댓값(moral expectation, espérance morale)이라고 부르겠다. 기대한 것들 때문에 생기는 변화량과 비교했을 때 기본적 단위로 삼은 재산이 무한히 크다면 정신적 기댓값과 수학적 기댓값은 서로 일치함을 쉽게 알 수 있다. 하지만 그 변화량이 기본적 단위보다 아주 작지 않다면 두 기댓값은 서로 매우 뚜렷하게 달라질 것이다.

이 규칙으로부터 상식에 부합하는 결과들이 나오며, 이런 방법으로 그 결과를 어느 정도 정확하게 헤아릴 수 있을 것이다. 따라서 앞에 나왔던 문제에서 만일 폴이 200프랑을 갖고 있다면 그가 9프랑을 넘는 돈을 거는 것은 불합리할 수 있다. 덧붙여서 이 규칙은 기대 이득 전체가 한 가지 위험에만 좌우되도록 하는 것보다는 위험을 이득의 여러 부분에 분산시키는 것이 더 낫다는 것을 말해준다. 비슷한 이유로, 아무리 공정한 게임이라 하더라도 항상 이득보다는 손실이 상대적으로 더 크기 마련이다. 가령 100

프랑을 가진 사람이 앞면, 뒷면 게임에 50프랑을 건다면, 그 돈을 걸고 난 뒤 그의 재산은 87프랑으로 줄어들지도 모른다. 즉 돈을 건 뒤 그의 재산 상태가 제공하는 정신적 이득이 그 정도가 될지도 모른다. 그렇다면 [이 게임에 참가할 때 내는] 참가비가, 기대하는 금액에 확률을 곱한 것과 같은 경우라 할지라도 이 게임은 불리한 게임이다. 이로부터 우리는 기대하는 금액이 이 곱보다 작은 게임이 얼마나 부도덕한지 판단할 수도 있다. 그런 게임은 그릇된 추론과 게임이 불러일으킨 탐욕이 없었다면 있을 수도 없는 게임이다. 사람들은 허황된 기대가 불가능하다는 것을 전혀 깨닫지도 못한 채 생활필수품까지도 팔아버리게 되므로 그런 게임은 끝없는 불행의 원천이다.

도박은 불리하다는 것, 기대하는 이익 전부를 한 가지 위험에만 좌우되도록 하지 않는 것이 유리하다는 것, 그리고 상식에 따른 모든 비슷한 결과 등은 각자의 정신적 재산을 나타내 주는 물리적 재산의 함수가 무엇이든 상관없이 항상 타당하다. 그 함수의 증가량과 물리적 재산 증가량의 비는 물리적 재산이 늘어날수록 줄어들 따름이다.

5장
확률론에서의 해석학적 방법에 대해[14)]

우리가 방금 검토한 원리들을 확률의 여러 문제에 활용하는 데 필요한 방법을 찾아보니 해석학의 여러 분야들, 그중에서도 특별히 조합이론과 유한차분(finite difference) 계산 문제가 떠올랐다.

이항 $(1+a), (1+b), \cdots, (1+n)$들의 곱을 전개한 다음 1

---

14) (옮긴이 주) 사실 이 부분은 책 전체에서 가장 수학적인 부분인데 라플라스는 거의 모든 수학적인 내용을 수식 대신 보통 문장으로 풀어 설명하고 있다. 하지만 과연 그 결과가 성공적이었는가에 대해 후대 사람들의 평가는 부정적이다. 예컨대 토드헌터는 이 부분에 대해 다음과 같이 말했다. "주로 생성함수 이론에 대해 수학기호는 극히 제한적으로만 사용하고 말을 가지고 설명하고 있는데, 이 부분은 완전히 지면 낭비라고 할 수 있다. 적절한 기호들로 전달되는 수학 이론에 통달할 수 없는 독자라면 이 부분을 이해할 수 없을 것이며, 그와 같은 수학 이론에 통달할 수 있는 사람에게는 이런 설명이 아무런 소용이 없을 것이기 때문이다"(Todhunter, 497쪽). 또한 칼 피어슨 역시 이 부분에 대해 같은 말을 한 바 있다. "라플라스가 생성함수 계산법이라고 부르는 것은 드무아브르의 점화 급수(recurrent series)로부터 시작된다. 하지만 내가 믿기로는 설사 일급 수학자라 할지라도 라플라스가 말로 표현한 것을 읽고, 이 계산법이 무엇을 의미하는지 이해하지 못할 것이다"(Pearson, 662쪽).

을 빼면 이 모든 문자들을 한 번에 한 개, 한 번에 두 개, 한 번에 세 개씩 등으로 조합한 것의 합을 얻는데, 각 조합의 계수는 1이다. n개 문자 중 s개 문자로 이루어진 조합이 몇 개인지 알아보기 위해 모든 문자가 같다고 가정하면 위의 곱은 $(1+a)^n$이 되며, n개 문자 중 s개 문자로 이루어진 조합의 숫자는 이것을 전개했을 때 a^n의 계수가 될 것이다. 이 숫자는 널리 알려진 이항식에서 찾을 수 있다.

각 조합에서 문자들의 각 위치를 고려하기 위해 두 번째 문자를 첫 번째 문자와 결합하면 그 문자는 첫 번째 또는 두 번째 자리에 놓이게 되며, 조합은 두 개가 생긴다. 이들 조합을 세 번째 문자와 결합하면 세 번째 문자는 첫 번째 또는 두 번째 또는 세 번째 자리에 놓이며, 다른 두 문자 각각에 대해 조합이 세 개 생기므로 전체 조합 수는 여섯 개가 된다. 이로부터 s개 문자를 배열하는 방법은 1부터 s까지 곱한 것과 같다는 결론을 쉽게 내릴 수 있다. 각 문자의 위치를 고려하려면 이 곱에 n개 문자 중 s개 문자로 이루어진 조합의 개수를 곱할 필요가 있으며, 이는 이 숫자를 나타내는 이항계수의 분모를 없애는 것에 해당한다.[15]

15) (옮긴이 주) n개 중 s개를 고르는 순열(permutation)의 수는

n개 숫자 중에서 r개를 뽑는 복권이 있다고 하자. 한 번 뽑을 때 주어진 s개 숫자가 뽑힐 확률은 얼마일까? 이 질문에 답하기 위해 분모는 모든 가능한 경우의 수, 즉 다시 말해서 n개 숫자 중에서 한 번에 r개를 뽑는 조합의 수이고, 분자는 이들 조합 가운데 주어진 s개 숫자가 포함된 조합의 수로 이루어진 분수를 생각하자. 이 마지막 수는 분명히 $n-s$개 숫자를 한 번에 뽑을 때 다른 숫자들의 조합의 수다. 이 분수가 우리가 찾는 확률인데, 이 값이 분자가 r개 중에서 한 번에 s개를 뽑는 조합의 수이며, 분모는 비슷하게 n개 중에서 한 번에 s개를 뽑는 조합의 수인 분수로 간단히 나타낼 수 있음을 쉽게 보일 수 있다.[16] 따라서 프랑스의 복권에서는 우리가 알다시피 뽑을 때마다 숫자 90개 가운데 다섯 개를 고르도록 되어 있으므로 주어진

$\binom{n}{s} \times s! = n(n-1)\cdots(n-s+1)$ 인데, 라플라스는 이항계수, 즉 조합 $\binom{n}{s}$를 $n(n-1)\cdots(n-s+1)/s!$로 나타냈기 때문에 이 식에서 분모를 없애면 순열이 된다고 말한 것이다.

16) (Dale, 146~147쪽) 여기에는 오류가 있다. 여기서 필요한 것은 $n-s$개 중에서 $r-s$개를 뽑을 때 조합의 수이므로 라플라스가 $n-s$라고 한 것은 $r-s$가 옳다. 라플라스가 설명하는 것은 분명히 $\dfrac{\binom{n-s}{r-s}}{\binom{n}{r}} = \dfrac{\binom{r}{s}}{\binom{n}{s}}$ 이다.

어떤 수가 뽑힐 확률은 5/90, 즉 1/18이다. 따라서 공정한 게임이 되려면 정해진 하나의 숫자를 맞힌 사람에게 복권 값의 18배를 상금으로 줘야만 한다. 90개 숫자 중에서 둘을 고르는 조합의 전체 수는 4,005이고, 숫자 다섯 개 중에서 둘을 한꺼번에 고르는 조합의 수는 10가지다. 따라서 주어진 숫자 둘을 고를 확률은 $\frac{1}{400.5}$이므로 정해진 숫자 둘을 맞힌 사람에게는 복권 값의 400.5배를 상금으로 줘야 한다. 비슷한 방법으로 숫자 세 개를 맞힌 사람에게는 복권 값의 11,748배를, 네 개를 맞힌 사람에게는 복권 값의 511,038배를, 그리고 다섯 개를 맞힌 사람에게는 복권 값의 43,949,268배를 상금으로 줘야 한다. 하지만 복권을 사는 사람이 이런 이익을 보기란 난망한 노릇이다.

항아리에 흰 공이 a개, 검은 공이 b개 들어 있는데, 공을 하나 꺼내서 확인한 후 다시 집어넣는다고 하자. n번 공을 뽑았을 때 흰 공이 m개이고 검은 공이 $n-m$개일 확률은 얼마일까? 공을 뽑을 때마다 가능한 모든 경우의 수는 당연히 $a+b$다. 두 번째 뽑아서 나온 각 결과는 첫 번째 뽑아서 나온 모든 결과와 결합되므로 공을 두 번 뽑을 때 가능한 모든 경우의 수는 이항 $a+b$의 제곱일 것이다. 이것을 전개해서 나오는 항들 중에서 a^2은 흰 공이 둘 뽑히는 경우의 수를 나타내고, $2ab$는 흰 공과 검은 공이 하나씩 뽑히는 경우의 수이며, 마지막으로 b^2은 검은 공이 둘 뽑히는 경우의 수를 나타낸다. 이런 방식으로 계속하면 일반적으로 이항 $a+b$의 n회 거듭제곱이 공을 n회 뽑을 때 가능한 모든 경우의 수를 나타내며, 이 식을 전개했을 때 a^m과 곱해지는 항이 흰 공이 m개, 검은 공이 $n-m$개 뽑힐 경우의 수를 나타낸다. 이 항을 이항(binomial)의 전체 거듭제곱으로 나누면 흰 공이 m개, 검은 공이 $n-m$개 뽑힐 확률을 얻는다. 숫자 a와 $a+b$의 비는 공을 한 번 뽑을 때 흰 공을 뽑을 확률이고, b와 $a+b$의 비는 검은 공을 뽑을 확률이다. 이 두 확률을 각각 p와 q라고 부른다면, n번 공을 뽑았을 때 흰 공이 m개일 확률은 이항 $(p+q)^n$을 전개했을 때($p+q=1$임을 유의하라) p의 m제곱에 붙은 계수일 것이다. 이항이 갖는 이 놀라운 성질은 확률 이론에서 대단히 유용하다.

하지만 확률 문제를 푸는 가장 일반적이면서 가장 직접적인 방법은 그것을 차분방정식으로 만드는 것이다. 확률을 나타내는 함수의 연속되는 값을 비교할 때, 변수들을 각각의 차분만큼씩 증가시키면 종종 제안된 문제로부터 이 값들 사이의 매우 단순한 관계를 얻게 된다. 이 관계는 상차분방정식(ordinary difference equation, équations aux différences ordinaires) 또는 편차분방정식(partial difference equation, équations aux différences partielles)이라고 불리는데, 여기서 변수가 단 하나이면 '상'차분방정식이 되고 변수가 여럿이면 '편'차분방정식이 된다. 보기를 몇 가지 들어보자.

같은 게임 능력을 가졌다고 할 수 있는 세 사람이 다음 조건에 따라 함께 게임을 한다. 처음 두 사람 중에서 이긴 사람이 세 번째 사람과 겨루어서 그 사람이 다시 이기면 전체 게임이 끝난다. 그런데 만일 그 사람이 지면, 여기서 이긴 사람이 나머지 다른 사람과 게임을 하는 방식으로 게임이 계속된다. 게임은 어떤 사람이 다른 두 사람에게 연속해서 두 번 이겨야 끝이 난다. 그렇다면 정해진 n회 이내에 전체 게임이 끝날 확률은 얼마일까? 먼저 정확히 n번째에서 게임이 끝날 확률을 찾아보자. 이렇게 되려면 n번째에 최종적으로 끝난 게임에서 이긴 사람은 반드시 $n-1$번째 게임에서부터 참가했어야 하며, 그 게임과 이어지는 게임에서 이겨야 한다. 그런데 그가 만약 $n-1$번째 게임에서 이기는 대신 상대방에게 졌다고 해보자. 그런데 상대방은 이미 [$n-2$번째 게임에서] 제3의 참가자를 이겼으므로 게임은 $n-1$번째 게임에서 이미 끝나버렸을 것이다. 따라서 세 사람 중 $n-1$번째에 게임에 참가한 사람이 최종적으로 이길 확률은 게임이 정확하게 바로 이 게임[$n-1$번째 게임]에서 최종적으로 끝날 확률과 같다. 또 게임이 n 번째에서 끝나려면 그 사람은 이어지는 n번째 게임에서 이겨야 하므로 이 마지막 경우의 확률은 앞 경우 확률의 절반이 될 것이다. 이 확률은 분명 숫자 n의 함수로서 이 함수는 n을 1 줄였을 때 그 함수 값의 절반과 같다. 이 등식은 상유한차분방정식(ordinary difference equation, équations aux différences finies ordinaires)이라고 불리는 방정식의 하나가 된다.

이 방정식을 이용하여 우리는 정확하게 어느 특정 횟수에 게임이 끝날 확률을 쉽게 알 수 있다. 두 번째 게임 전에 전체 게임이 끝날 수 없음은 분명하며, 전체 게임이 만일 두 번째 게임에서 끝나려면 첫 번째에 이긴 사람이 두 번째 게임에서 세 번째 사람을 이겨야 한다. 따라서 두 번째 게임에서 전체 게임이 끝날 확률은 1/2이 된다. 그러므로 앞서 나온 방정식에 따라 우리는 전체 게임이 세 번째, 네 번째, … 게임에서 끝날 확률은 각각 1/4, 1/8, … 등등이며 일반적으로 그 게임이 n번째에 끝날 확률은 1/2의 $(n-1)$제곱이라는 결론을 얻는다. 이와 같은 1/2의 거듭제곱들을 모두 합하면 1에서 그 합의 마지막 항을 뺀 것과 같으며, 이 값은 늦어도 게임이 n번째에 끝날 확률이다.[17)]

다음으로 첫 번째 문제를 다시 생각해 보자. 이 문제는 파스칼이 페르마에게 제시했던 문제로서 조금 더 어렵지만 확률을 쓰면 해결할 수 있을 것이다. 먼저 정해진 횟수만큼 이긴 사람이 판돈을 모두 차지하는 조건으로 기술이 동일한 A와 B 두 사람이 도박을 한다. 그런데 두 사람이 도중에 도박을 중단하기로 합의했다고 하자. 그렇다면 판돈은 어떻게 나누는 것이 좋겠는가?[18] 판돈을 나누는 비가 도박에서 이길 확률에 비례해야 한다는 것은 자명하다. 그렇다면 문제는 이 확률들을 구하는 것으로 바뀐다. 이 확률들은 당연히 이기는 데 필요한 점수를 얻기까지 각자가 부족한 점수로 결정된다. 따라서 A의 확률은 우리가 지수들(indices)이라고 부를 두 숫자의 함수다. 만일 두 사람이 게임을 한 번 더 하기로 했을 때 (이 게임을 하고 나서 새로 구하는 이길 확률에 비례하도록 판돈을 나눈다면 그들의 조건은 변화가 없다) 만약 그 게임에서 A가 이긴다면 최종적으로 A가 이기는 데 필요한 점수가 1 줄어들고,

---

17) (옮긴이 주) 두 번째부터 n번째 게임 사이에 전체 게임이 끝날 확률은 $\frac{1}{2}+(\frac{1}{2})^2+(\frac{1}{2})^3+\cdots+(\frac{1}{2})^{n-1}=1-(\frac{1}{2})^{n-1}$이 된다.

18) (옮긴이 주) '점수 문제'라고 불리는 것으로 수학적 확률 이론이 태어난 계기가 된 문제였다. 하위헌스와 자코브 베르누이 역시 이 문제를 풀었는데, 이에 대해 보려면 《추측술》(조재근 옮김, 지식을만드는지식, 2008) 가운데 23~45쪽을 보라.

B가 이긴다면 최종적으로 B가 이기는 데 필요한 점수가 1 줄어들 것이다. 하지만 이 경우의 확률은 각각 1/2이며, 우리가 구하는 함수는 첫째 지수가 1 줄어든 이 함수의 절반 더하기 두 번째 지수가 1 줄어든 같은 함수의 절반이다. 이를 편차분방정식이라 부른다.[19)]

이 방정식을 이용하면 가장 작은 수에서 시작하여 A가 이기는 데 필요한 점수가 없을 때 확률(또는 확률을 표현하는 함수)이 1이며(또는 첫 번째 지수가 0일 때), 또 두 번째 지수가 0이면 이 함수가 0이라는 사실로부터 A가 이길 확률을 구할 수 있다. 따라서 A가 이기기까지 단 1점이 모자란다면, B의 부족한 점수가 1점, 2점, 3점, …일 때에 A가 이길 확률은 $\frac{1}{2}, \frac{3}{4}, \frac{7}{8}, \cdots$이 된다. 일반적으로 그 확률은 1에서 $\frac{1}{2}$의 거듭제곱을 뺀 값인데, 거듭제곱의 지수는 B가 이기는 데 부족한 점수다. 또 A가 이기기까지 2점이 모자란다면 B의 부족한 점수가 1점, 2점, 3점, …일 때에 따

---

19) (옮긴이 주) A와 B의 두 사람이 최종 승리하기까지 부족한 점수를 각각 m, n이라 하고, 이 경우 A가 최종 승리할 확률을 $f(m, n)$이라 하면,

$$f(m, n) = \frac{1}{2} f(m-1, n) + \frac{1}{2} f(m, n-1),$$
$$f(m-1, n) + f(m, n-1) - 2f(m,n) = 0$$

이 되며, 이 마지막 식은 지수가 m, n 둘인 편차분방정식이다.

라 A가 이길 확률은 $\frac{1}{4}, \frac{1}{2}, \frac{11}{16}, \cdots$ 이 된다. 이어서 우리는 A의 부족한 점수가 3점 이상인 경우에 대해서도 계속할 수 있다.[20)]

차분방정식을 써서 어떤 양의 연속되는 값을 구하는 이 방법은 지루하고 성가신 방법이다. 이에 따라 수학자들은 이러한 방정식을 만족시키면서도 어떤 개별적인 경우에서든 해당 지수 값만 대체해 넣으면 되는 일반적인 지수들의 함수를 구하는 방법을 모색해 왔다. 이를 위해 수평선 위에 배열된 일련의 항들을 상상해 보자. 각 항은 주어진 규칙에 따라 이전의 항들로부터 유도된 것들이다. 이 규칙은 여러 연속적인 항들 사이의 방정식과 배열에서

---

20) (옮긴이 주) 당연히 $f(m, n)$에서 $m=0$이면 B가 절대 이길 수 없고, $n=0$이면 A가 절대로 이길 수 없으므로
$f(0, n)=1\ (n \neq 0), f(m,0)=0\ (m \neq 0)$ 이다. 이로부터,

$$
\begin{aligned}
f(1,1) &= \frac{1}{2}(f(0,1)+f(1,0)) = \frac{1}{2}, & f(2,1) &= \frac{1}{2}(f(1,1)+f(2,0)) = \frac{1}{4},\\
f(1,2) &= \frac{1}{2}(f(0,2)+f(1,1)) = \frac{3}{4}, & f(2,2) &= \frac{1}{2}(f(1,2)+f(2,1)) = \frac{1}{2},\\
f(1,3) &= \frac{1}{2}(f(0,3)+f(1,2)) = \frac{7}{8}, & f(2,3) &= \frac{1}{2}(f(1,3)+f(2,2)) = \frac{11}{16},\\
&\vdots & &\vdots\\
f(1,n) &= 1-\left(\frac{1}{2}\right)^n, & f(2,n) &= 1-\frac{n+2}{2^{n+1}}.
\end{aligned}
$$

일반적으로 각 게임에서 A, B가 이길 확률이 각각 p, q라면,
$f(m,n) = p^m \sum_{j=0}^{n-1} m(m+1)\cdots(m+j-1)\frac{q^j}{j!}$ (*Dale*, 149쪽).

그들이 차지하는 순위를 나타내는 지수로부터 정해진다고 가정하자. 나는 이 방정식을 단일 지수 유한차분방정식(finite difference equa- tion of a single index)이라고 부르겠다. 이 방정식의 차수(order 또는 degree)는 양쪽 끝에 있는 항들의 순위 차다. 이 방정식을 이용하여 우리는 배열의 항들을 연속적으로 구할 수 있으며, 이를 한정 없이 계속할 수 있다. 하지만 그렇게 하려면 방정식의 차수와 같은 수만큼 배열의 항들을 알아야 한다. 이 항들은 그 배열의 일반항을 나타내는 식에 있는 임의의 상수들이거나 차분방정식의 적분이다.[21)]

이제 앞에서 나온 배열 위에 수평으로 두 번째 항들의 배열이 있다고 가정해 보자. 또한 두 번째 배열 위에 세 번째 배열을 가정하고, 이런 식으로 무한히 배열들이 있다고 가정해 보자. 마지막으로 이 모든 배열의 항들은 여러 연속적인 항들(수평 방향으로 택하는 항들과 같은 수의 항을 수직 방향에서 택한다)과 두 방향에서 그들의 순위를 나타내는 수 사이의 일반적 방정식으로 연결되어 있다고 가정하자. 나는 이러한 방정식을 2지수 편유한차분방정식(partial fini- te difference equation in two indices)이

21) (Dale, 149쪽) 여기서 '적분'이란 유한차분의 역연산을 말한다.

라고 부르겠다.

마찬가지로 앞에 나온 배열들의 패턴 위에 유사한 배열들의 두 번째 패턴이 놓이는데, 이 패턴에 있는 항들은 각각 첫 번째 패턴의 항들 위에 놓인다고 가정해 보자. 다음으로 유사한 배열들의 세 번째 패턴이 이 두 번째 패턴 위에 놓이고, 계속해서 이런 과정이 무한히 이어진다고 해보자. 마지막으로 이 모든 배열들은 여러 연속되는 항들(이 항들은 전체 체계의 길이, 폭, 높이의 방향으로 선택된다)과 이 세 방향에서 그 항들의 순위를 나타내는 세 숫자들 사이의 방정식으로 연결된다고 가정하자. 이 방정식이 내가 3지수 편유한차분방정식(partial finite difference equation in three indices)이라고 부르는 것이다.

마지막으로 이 문제를 공간의 차원과 무관하게 추상적인 방식으로 생각해 보자. 우리가 지수의 개수가 얼마이든 상관없이 그 지수들의 함수인 양(量)의 체계, 지수에 대한 양의 상대적인 차이와 지수 그 자체 사이에는 그 양들의 개수만큼의 방정식이 있다고 상상해 보자. 이 방정식들은 주어진 지수를 갖는 편유한차분방정식이 될 것이다.

이 방정식들을 써서 우리는 그 양들을 하나씩하나씩 구할 수 있을 것이다. 하지만 단일 지수방정식을 풀기 위해서는 배열의 항들 가운데 일정한 개수를 알아야 했던 것과 마찬가지로 지수가 둘인 방정식도 하나 혹은 더 많은 배열을 알아야 풀 수 있다. 이때 배열의 일반항은 각각 한 지수의 임의의 함수로 표현될 것이다. 비슷하게 지수가 셋인 방정식을 풀려면 열들의 패턴을 하나 혹은 그 이상 알아야만 한다. 이때 배열의 일반항은 각각 지수 두 개의 임의의 함수로 표현될 것이다. 더 많은 지수를 가진 방정식의 경우도 비슷하다. 모든 경우에 연속적으로 제거해 나가면 그 배열이 어떤 것이든 모든 항을 구할 수 있게 된다. 하지만 소거 과정에서 쓰인 모든 방정식이 같은 방정식 패턴에 속하므로 소거를 거쳐 우리가 얻는 연속적인 항에 대한 식은 항의 순위를 결정하는 지수의 함수인 일반식으로 나와야 한다. 이 식은 제시된 차분방정식의 적분이며, 적분학의 목적은 이것을 구하는 것이다.

테일러(B. Taylor, 1685~1731)는 《증분 방법(Methodus Incrementorum)》이라는 책에서 처음으로 1차 유한차분방정식을 생각했다. 거기서 그는 계수와 마지막 항이 지수의 함수인 1차방정식을 적분하는 방법을 보여주었다. 실제로 늘 연구되어 왔던 등차수열과 등비수열에 있는 항들 사이의 관계는 1차 차분방정식의 가장 간단한 경우다. 그러나 그 문제를 이러한 시각에서 연구한 사람은 없었으므로 [테일러의 연구는] 일반 이론과 연결시켜서 이러한 이론을 확장시키는 것으로서 결과적으로 참된 발견 가운데 하나다.

거의 비슷한 시기에 드무아브르(A. de Moivre, 1667~1754)가 순환급수(recurring series, suites récurrentes)라는 이름으로 계수가 상수인 일정 차수의 유한차분방정식을 연구했는데, 그는 대단히 독창적인 방법으로 그것을 적분하는 데 성공했다. 무엇인가 발명한 사람이 걸었던 길을 추적하는 것은 항상 흥미로우므로, 나는 드무아브르가 발견한 방법을 인접하는 세 항의 관계식이 알려진 순환급수에 적용해 설명하겠다. 먼저 그는 등비수열 또는 그 수열을 표현하는 두 항의 관계식, 또는 그 관계를 나타내는 방정식을 생각했다. 다음으로 관계식에서 항들의 지수를 1씩 줄인 다음 그 결과에 어떤 상수를 곱했다. 처음 방정식에서 이 곱을 뺀 결과는 등비급수에서 세 인접 항들 사이의 방정식이 된다. 다음으로 드무아브르는 위에서 곱한 바로 그 수를 등비로 갖는 두 번째 수열을 생각했다. 그는 이 새로운 수열에 대응하는 관계식에 있는 항의 지수를 1만큼 줄인 다음 그 관계식을 첫 번째 수열의 공비와 곱했다. 두 번째 등비수열의 방정식에서 그 곱을 빼면 처음 수열에서 볼 수 있던 것과 완전히 유사한 관계를 이 수열의 세 인접 항 사이에서 얻는다. 다음으로 그는 이 두 수열을 항끼리 짝지어 더하면 그 합의 세 인접 항들 사이에도 같은 관계식이 존재한다는 것을 알게 되었다. 이 관계식의 계수들을 제시된 순환급수에 있는 항들 사이의 관계식과 비교한 다음, 두 등비수열의 공비를 구하기 위해 이 공비들을 해로 가지는 2차방정식을 얻었다. 따라서 드무아브르는 순환급수를 두 등비수열로 분해했는데, 각 수열은 순환급수의 처음 두 항으로부터 구한 임의의 상수를 곱한 것이다.[22] 이 독창적인 과정은 사실 달랑베르가 상수계수를

---

22) (옮긴이 주) 공비 r인 첫 번째 기하급수를 $a_1+a_2+a_3+\cdots$, $(a_n=ra_{n-1})$라고 두면 $a_n-ra_{n-1}=0$이라는 관계식을 얻는다. 이 관계식에서 n 대신 $n-1$을 대입하고 상수 k를 곱하면 $ka_{n-1}-kra_{n-2}=0$을 얻고, 이 식을 처음 관계식에서 빼면 $a_n-(r+k)a_{n-1}+kra_{n-2}=0$이라는 세 인접 항들 사이의 방정식을 얻는다. 다음으로 공비가 k인 두 번째 등비수열 $b_1+b_2+b_3+\cdots$, $(b_n=rb_{n-1})$의 관계식 $b_n-rb_{n-1}=0$ 에서 각 항의 지수를 1만큼 줄인 다음, 그 관계식을 첫 번째 수열의 공비와 곱한 뒤 두 번째 등비수열의 관계식에서 그 곱을 빼면 첫 번째 수열에서와 마찬가지로 인접한 세 항의 방정식 $b_n-(r+k)b_{n-1}+krb_{n-2}=0$을 얻는다.

이제 두 수열을 항끼리 더하면 새로운 수열 $c_1+c_2+c_3+\cdots$ $(c_n=a_n+b_n)$이 생기는데, 이 수열에 대해서도 앞의 등비수열에서와 꼭 같은 연산을 하면 $(a_n+b_n)-(r+k)\ (a_{n-1}+b_{n-1})+kr(a_{n-2}+b_{n-2})=0$, 즉 $c_n-(r+k)c_{n-1}+krc_{n-2}=0$이라는 방정식을 얻는다. 여기서 다음과 같은 순환급수 $c_1+c_2+c_3+\cdots$, $(c_n+\alpha c_{n-1}+\beta c_{n-2}=0)$을 생각해 보자. 그리고 2차방정식 $x^2+\alpha x+\beta=0$의 해를 r과 k라고 두면 $\alpha=-(r+k)$, $\beta=rk$

가진 무수히 작은 차분들의 1차방정식을 적분하는 데 이용한 바 있으며, 라그랑주는 이 과정을 유사한 차분방정식으로 변환시킨 바 있다.

마지막으로 나는 처음에는 재순환급수(recurro-recurrent series)라는 이름으로, 그리고 나중에는 제 이름을 붙여서 편유한차분방정식을 연구했다. 내가 볼 때 이 모든 방정식을 적분하는 가장 일반적이면서 가장 간단한 방법은 기본적으로 생성함수를 고려하는 것인데, 그 아이디어는 다음과 같다.

어떤 변수 t의 함수 V를 t의 거듭제곱들로 전개했다고 하자. 거듭제곱항의 차수는 거듭제곱의 지수(exponent 또는 index)의 함수가 될 것인데, 그 지수를 나는 x라고 부르겠다. V는 내가 이 계수의 생성함수, 또는 지수의 함수의 생성함수(generating function, fonction génératrice)라고 부르는 것이다.[23)]

이제 V를 급수 전개한 것에 같은 변수의 함수—예컨대

가 된다. 따라서 순환급수는 두 개의 등비급수의 합으로 나타낼 수 있다. 실제로 어떤 순환급수가 두 등비급수의 합으로 분해되는 사례를 보려면 *Dale*, 151쪽을 보라.

23) (*Dale*, 151쪽) $V(t)=\sum_{x=-\infty}^{\infty} a_x t^x$는 수열 (a_x)의 생성함수다.

$(1+2t)$를 곱하면 새로운 생성함수가 생기는데 그 함수에서 t^x의 계수는 V에 있는 같은 차수항의 계수에 t^{x-1}의 계수를 두 배한 것을 더한 것과 같다. 따라서 곱에서 지수 x의 함수는 V에 있는 x의 함수와 지수를 1 줄였을 때 같은 함수 값의 두 배를 더한 것과 같다. 이러한 지수 x의 함수는 V를 전개했을 때 같은 지수의 함수로부터 유도되는데, 이 함수는 내가 지수의 원시함수(primitive function)라고 부르게 되는 함수다. 이렇게 유도한 함수를 원시함수 앞에 연산자 δ를 써서 나타내자. 이 연산자로 표시된 연산은 V에 곱해지는 함수(즉 우리가 T라고 나타내고 V처럼 변수 t의 거듭제곱으로 전개할 함수)에 따라 달라진다.[24)]

V와 T의 곱에 T를 또 곱하면, 즉 V와 T^2을 곱하면, t^x의 계수가 앞의 곱에서 해당하는 계수로부터 비슷하게 유도된다. 우리는 이를 먼저 유도한 함수의 앞에 같은 연산자 δ를 붙여서 나타낼 수 있는데, 이 연산자는 x의 원시함수 앞에 두 차례 나타나게 된다. 이 기호를 두 번 쓰는 대

---

24) (Dale, 151쪽) $V(t)=\sum a_x t^x$라고 가정하면
$(1+2t)\ V(t)=\sum_x (a_x+\ 2a_{x-1})\,t^x$. 여기서 $(a_x+\ 2a_{x-1})$은 원시함수 a_x에서 유도된 함수다. 따라서 우리가 이 곱을 $(1+2t)\ V(t)=\sum_x (b_x)\,t^x$와 같이 새로운 생성함수로 나타내면 $b_x=(a_x+2a_{x-1})$이다.
또는 $\delta a_x=(a_x+2a_{x-1})$.

신 δ^2라고 쓰자.

이렇게 계속하면 일반적으로 V에 T^n을 곱했을 때 V와 T^n의 곱에서 t^x의 계수는 원시함수 앞에 δ^n을 써서 구할 수 있을 것이다.

가령 T가 $\frac{1}{t}$이라고 해보자. V와 T의 곱에서 t^x의 계수는 V에서 t^{x+1}의 계수가 된다.[25] 곱 VT^n에서 t^x의 계수는 x를 n 단위만큼 증가시킨 원시함수일 것이다.

이제 V와 T처럼 t의 새로운 함수 Z를 t의 거듭제곱들로 전개했다고 하자. 그리고 곱 VZ에 있는 t^x의 계수를 원시함수 앞에 Δ라는 기호를 써서 나타내자. 그러면 VZ^n에 있는 t^x의 계수는 x의 원시함수 앞에 Δ^n이라는 기호를 써서 나타낼 수 있을 것이다.

만일 예를 들어 Z가 $\left(\frac{1}{t}-1\right)$이라면 곱 VZ에 있는 t^x의 계수는 V에 있는 t^{x+1}의 계수에서 t^x의 계수를 뺀 것이므로 이는 지수 x의 원시함수의 유한차분이 될 것이다.[26] 이런 경우, 즉 지수가 1씩 변하는 경우 연산자 Δ는 원시함수의 유한차분을 나타내며, 원시함수 앞에 있는 이 연산자

---

25) (Dale, 152쪽) $V(t)=\sum a_x t^x$라고 가정하면 $(1/t)\ V(t)=\sum a_{x+1} t^x$.

26) (Dale, 152쪽) $V(t)=\sum a_x t^x$라고 가정하면

$Z(t)\ V(t) \equiv [(1/t)-1]\ V(t)=\sum (a_{x+1}-a_x)\, t^x$이고

$\Delta a_x = a_{x+1}-a_x$.

의 n제곱은 그 함수의 n차 유한차분이 된다. 만일 T가 $\frac{1}{t}$이라면 T는 이항 $(Z+1)$과 같아지며 V와 T^n의 곱은 V와 $(Z+1)^n$의 곱과 같아진다. 이것을 Z의 거듭제곱으로 전개하면 V와 이 전개식의 여러 항의 곱들은 이들 같은 항의 생성함수가 될 것이며, 우리는 그 속에 Z의 거듭제곱 대신 그것에 대응하는 지수의 원시함수의 유한차분을 대체해 넣는다.[27)]

이제 V와 T^n의 곱은 지수 x가 n 단위씩 증가하는 원시함수다. 생성함수로부터 계수로 다시 넘어가면 이렇게 합쳐진 이 원시함수는, 전개할 때 Z의 거듭제곱 대신 그에 해당하는 원시함수의 차분을 대체하고 상수항에 원시함수를 곱한다면 이항 $(Z+1)$의 n제곱을 전개한 것과 같아진다. 이렇게 해서 우리는 차분에 의해 지수가 임의의 주어진 숫자 n씩 증가하는 원시함수를 얻게 된다.

T와 Z가 앞에서와 같아서 Z가 $T-1$이라고 하자. V와 Z^n의 곱은 V와 $(T-1)^n$을 전개한 것의 곱과 같다. 방금

---

27) (Dale, 152쪽)

$$V T^n = V(Z+1)^n = \sum_{j=0}^{n} \binom{n}{j} VZ^j = \sum_x \left(\sum_{j=0}^{n} \binom{n}{j} \Delta^j a_x \right) t^x.$$

그런데 $V T^n = \sum a_{x+n} t^x$이므로 t^x의 계수를 비교하면

$$a_{x+n} \equiv \delta^n a_x = \sum_{j=0}^{n} \binom{n}{j} \Delta^j a_x .$$

했던 것처럼 생성함수로부터 계수로 다시 넘어가면 우리는 $(T-1)^n$을 전개해서 나오는 원시함수의 n차 차분을 얻는다. 이 전개에서 우리는 T의 거듭제곱을 지수가 거듭제곱의 차수만큼 증가된 같은 함수로 대체해야 하며, t와 독립인 항, 즉 1은 원시함수로 대체해야 한다. 이렇게 하면 그 함수의 인접 항에 대한 차분을 얻는다.

원시함수 앞에 있는 δ는 그 함수를 곱 VT에 있는 t^x의 계수로 변환시키며, Δ는 곱 VZ에 대해 같은 역할을 하므로 앞의 논의에 의해 다음과 같은 일반적인 결과를 얻는다. T와 Z가 변수 t의 임의의 함수들이라고 하자. 그러면 (a) 지수의 원시함수가 연산자나 연산자들을 곱한 것의 거듭제곱 다음에 나오고 (b) 이 연산자들과 독립인 항들은 그 함수로 곱하면, 이 함수들을 써서 만들 수 있는 모든 등식을 전개한 것에서 T와 Z 대신 연산자 δ와 Δ를 대체할 수 있다.

이 일반적인 결과를 이용하면 지수 x(여기서 x는 1씩 증가한다)인 원시함수의 차분에 대한 어떤 거듭제곱이라도 x가 임의의 주어진 단위씩 변화하는 같은 함수의 차분들의 급수로 변환할 수 있으며, 그 역도 가능하다. 역시 $T=(1/t)^i-1$이고 $Z=(1/t)-1$이라고 가정하자. 그러면 곱 VT^n에서 t^x의 계수는 V에 있는 t^{x+i}의 계수에서 t^x

의 계수를 뺀 것이다. 즉 x가 i씩 변화하는 지수 x인 원시함수의 유한차분이 될 것이다. 이때 $T=(Z+1)^i-1$, $T^n=[(Z+1)^i-1]^n$임은 쉽게 알 수 있다. 만일 이 등식에서 T와 Z를 연산자 δ와 Δ로 대체하면, 그리고 전개 후에 각 항의 뒤에 지수 x인 원시함수를 적으면 이 함수의 n차 차분을 얻는다. 이는 x가 $x+1$로 대체된 같은 함수의 급수로 표현되며, x는 $x+i$로 대체된다.28) 이 급수는 그것이 나타내고 그것과 동일한 단지 하나의 변환이지만 이러한 변환 속에 해석학의 능력이 있다.

해석학의 보편성으로 인해 우리는 이 식에서 n을 음수로 둘 수 있다. 이 경우 δ와 Δ의 음수차 거듭제곱은 적분을 나타낸다. 실제로 원시함수의 n차 차분의 생성함수가 곱으로 된 $V[(1/t)-1]^n$이라면, 이 차분의 n차 적분인 원시함수의 생성함수는 같은 차분의 생성함수에 $[(1/t)-1]^{-n}$을 곱한 것이 된다. 여기서 차수 n은 연산자 Δ의 차수다. 이 차수는 같은 차수의 적분을 나타내며, 지수 x는 1씩 변한다. 또 δ의 음수차 거듭제곱은 마찬가지로, 즉 x가 i씩

---

28) (Dale, 152쪽)

$$VT=(\sum a_x t^x)[(1/t)^i-1]=\sum_x (a_{x+1}-a_x)t^x.$$

여기서 $\delta_i a_x \equiv a_{x+i}-a_x$라고 두면, $T^n=[(Z+1)^i-1]^n$이므로 $\delta_i a_x \equiv \{[(\Delta+1)^i-1]^n\}a_x$가 된다.

변화하는 적분을 나타낸다. 따라서 우리는 가장 명확하고 가장 간단하게 양수 차수와 차분 사이, 그리고 음수 차수와 적분 사이에서 유사한 점을 볼 수 있는 이유를 알게 된다.

원시함수 앞에 연산자 δ가 있는 함수를 0으로 두면 유한차분방정식을 얻으며, V는 그 적분의 생성함수가 될 것이다. 이 생성함수를 찾기 위해서는 곱 VT에 있는 t의 거듭제곱 가운데 차분방정식의 차수보다 낮은 차수를 제외한 모든 것들이 사라져야 한다. 따라서 V는 분모가 T이고 분자가 다항식인 분수와 같은데, 그 다항식에서 t의 최고차항의 차수는 차분방정식의 차수보다 1만큼 작다. 상수항을 포함하여 이 다항식에 있는 t의 여러 거듭제곱들이 임의로 갖는 계수들은 x를 연속적으로 1, 2, …라고 둘 때 지수의 원시함수가 갖는 값의 수에 따라 정해질 것이다. 이제 차분방정식이 주어졌다고 해보자. 우리는 차분방정식의 모든 항을 방정식의 왼쪽에 적고 지수가 가장 큰 원시함수를 1로 대체하고 지수가 1씩 줄어드는 원시함수를 t로 대체하고, 지수가 2씩 줄어드는 원시함수는 t^2으로 대체하고 다른 것도 비슷하게 대체하여 T를 정할 수 있다. V에 대해 앞에서 나온 식을 전개했을 때 t^x의 계수는 x의 원시함수, 또는 유한차분방정식의 적분이다. 해석학에는 이러한 전개에 영향을 미치기 위한 다양한 방법이 있는데, 그 가운데에서 제시된 문제에 가장 적절한 것을 골라야 한다. 이것이 이러한 적분법의 장점이다.

이제 두 변수 t, t'의 함수 V를 각 변수의 거듭제곱과 그것들의 곱으로 전개했다고 하자. 주어진 어떤 곱 $t^{x}t'^{x'}$의 계수는 이들 거듭제곱의 지수 x와 x'의 함수인데, 이 함수는 내가 원시함수라고 부를 함수이며, 그 생성함수는 V다.

V를 t, t'의 함수인 T에 곱하고 V처럼 T를 이 변수들의 거듭제곱과 그것들의 곱으로 전개했다고 하자. 그 곱은 원시함수에서 유도된 함수의 생성함수일 것이다. 가령 T가 $(t+t'-2)$라면 이 유도된 함수는 지수 x가 $x-1$로 대체된 원시함수 더하기 지수 x'가 $x'-1$로 대체된 원시함수 빼기 원시함수의 2배가 된다. 임의의 T에 대해 원시함수 앞에 연산자 δ를 붙여서 유도된 함수를 나타내자. 그러면 V와 T^{n}의 곱은 그 앞에 δ^{n}을 붙인 원시함수에서 유도된 함수의 생성함수가 될 것이다. 이로부터 단일 변수만 있는 함수에 대해 성립하는 정리들과 유사한 정리들이 성립하게 된다.

δ 연산으로부터 나오는 함수를 0으로 두면 편차분방정식을 얻는다. 예를 들어 앞에서와 마찬가지로 T가

$(t+t'-2)$라면 (a) x를 $x-1$로 대체한 원시함수, (b) x'를 $x'-1$로 대체한 원시함수, (c) 원시함수의 2배에 마이너스 부호를 붙인 것, 이 세 가지를 합한 것은 0이 될 것이다. 이 원시함수의 생성함수, 또는 이 방정식의 적분 V는 T와 곱했을 때 비록 t와 t'의 거듭제곱, 즉 t의 임의의 함수와 t'의 임의의 함수를 따로따로 포함할 수는 있겠지만 t와 t'가 함께 곱해진 것은 포함하지 않아야 한다. 따라서 V는 분모가 T이고 분자가 이 두 가지 임의의 함수들의 합으로 이루어진 분수다. 이 분수를 전개했을 때 곱 $t^x t'^{x'}$의 계수는 앞에서 나온 편차분방정식의 적분이 될 것이다. 내 생각에 이런 종류의 방정식을 적분하는 법은 유리분수를 전개하는 여러 가지 해석학적 과정들을 이용하면 가장 쉽고 간단해진다.

수식을 동원하지 않고 이 주제에 대해 더 세부적인 사항까지 들어가기는 어려울 것 같다.

차분이 무한히 작은 편차분방정식[29]을 무시되는 것이 없는 편유한차분방정식으로 생각하면, 수학자들 사이에서 큰 토론 주제가 되었던 그 이론에서 모호한 점들을 설명하는 데 도움이 된다. 나는 불연속이 이 방정식들의 차

29) (Dale, 27쪽) 편미분방정식을 뜻한다.

수와 같은(혹은 차수보다 높은) 차수의 미분에서 생긴다면 불연속함수를 적분하는 것이 가능하다는 것을 이런 방법으로 증명했다. 모든 정신적인 추상물이 그러하듯이 수학의 탁월한 결과는 보편적인 진술인데, 그것이 갖는 참된 의미를 파악하려면 형이상학적인 해석을 통해 그것이 나온 기본 아이디어로 돌아가야만 한다. 사람의 정신은 내부로 돌아가서 어떤 것 자체에 대해 생각하기보다는 앞으로만 나아가려는 경향이 많기 때문에 그렇게 하기란 때로 대단히 어렵다.

무한히 작은 차분을 유한차분과 비교하는 것은 무한소수학의 형이상학을 설명하는 데 큰 도움이 된다.

변수의 증분이 E인 어떤 함수의 n차 유한차분이 E^n으로 나누어진다면 증분 E의 거듭제곱으로 이루어진 급수로 전개한 몫은 그 첫 항이 E와 독립이 되는 것을 쉽게 보일 수 있다. E가 점점 작아지면 급수는 점점 이 첫 항에 가까워져서 그 차이가 미리 정한 어떤 값보다 작아진다. 그 항은 급수의 극한값으로서 미분에서는 함수의 무한히 작은 n차 차분을 무한히 작은 증분의 n차 거듭제곱으로 나눈 것을 나타낸다.

무한히 작은 차분을 이런 관점에서 보면 미분의 여러 연산들은 같은 식을 전개할 때 유한인 항 또는 증분을 무한히 작다고 할 때 변수의 증분과 독립인 항들을 따로 비교하는 것에 해당함을 알 수 있다. 이 증분들이 정해진 것이 아니므로 이 과정은 엄밀하게 타당하다. 따라서 미분은 다른 대수학적인 연산이 갖는 모든 정밀성을 갖고 있다.

미분을 기하학이나 역학에 적용할 때에도 그 정밀성은 마찬가지다. 인접하는 두 점에서 할선(secant)으로 분할된 곡선을 상상한 뒤 그 두 점의 세로좌표 간격을 E라고 두자. 그러면 E는 첫 번째 수직좌표에서 두 번째 수직좌표까지 수평좌표의 증분이 될 것이다. 그것에 대응하는 수직좌표의 증분은 첫 번째 수직좌표를 할선영(subsecant)[30]으로 나눈 값과 E의 곱이다. 따라서 곡선의 방정식에서 이 증분만큼 첫 번째 수직좌표를 증가시키면 두 번째 수직좌표에서 계산한 방정식을 얻는다. 이 두 방정식의 차이는 세 번째 방정식이 되는데, E의 거듭제곱으로 전개하고 E로 나누면 그 첫째 항은 E와 독립이며 전개했을 때의 극한이 된다. 이 항을 0으로 두면 명백히 접선영(subtangent)의 극한과 할선영의 극한을 얻을 수 있

30) (옮긴이 주) 할선영이란 할선을 가로축에 직교 투영한 것이며 접선영은 접선을 가로축에 직교 투영한 것을 말한다. 다음의 그림(Dale, 156쪽)을 참조할 것.

다.[31]

접선영을 이처럼 독특하게 성공적으로 구하는 방법은 페르마가 생각한 것인데 그는 이 방법을 초월곡선에까지 확장해서 적용했다. 이 위대한 수학자는 수평축 증분을 E라는 문자로 나타내고 이 증분의 1차항만을 가지고 (마치 미분을 이용할 때 바로 그러듯이) 정확하게 곡선의 접선영과 변곡점, 수직축에서의 최대, 최소를 구했는데, 일반적으로 유리함수에 대해서 그것들을 구했다. 뿐만 아니라

---

31) (Dale, 155~156쪽) 그림에서 $\Delta x \equiv E$라고 두면 할선영은 s이며, $\frac{y}{s} = \frac{\Delta y}{E}$ 또는 $\frac{Ey}{s} = \Delta y$다. 또 $y = f(x)$라고 두면 $y + \Delta y = f(x + \Delta x)$이므로,

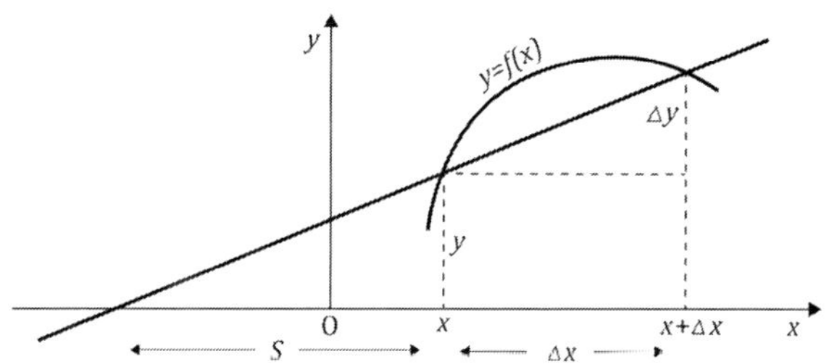

$$\begin{aligned} &\frac{(y+\Delta y)-y}{\Delta x} \\ &= \frac{f(x+\Delta x)-f(x)}{\Delta x} \\ &= \frac{1}{\Delta x}(f(x)+f'(x)\cdot\Delta x+\cdots-f(x)) \\ &\to f'(x). \end{aligned}$$

데카르트(R. Descartes, 1596~1650)의 편지 모음에서 볼 수 있듯이 페르마는 빛의 굴절 문제를 멋지게 해결했는데, 이를 볼 때 근을 거듭제곱함으로써 자신의 방법을 무리함수에까지 확장시키는 방법을 페르마가 알고 있었음을 확인할 수 있다. 따라서 우리는 페르마를 미분의 진정한 발견자로 간주해야 마땅하다. 뉴턴이 자신의 유율법(流率法, method of fluxi- ons)을 써서 이러한 미분을 보다 해석학적으로 만들고 간단하게 만들었으며, 또 자신의 멋진 이항정리를 써서 그 방법을 일반화시킨 것은 그 이후의 일이었다. 마지막으로, 그리고 거의 동시에 라이프니츠가 유한한 것을 무한히 작은 것으로 바꾸는 것을 나타내는 기호를 써서 미분을 더 풍성하게 만들었다. 그 기호들은 이러한 미분의 일반적인 결과를 나타내는 장점과 더불어, 차분을 일차 근사시키며 이러한 양들의 합도 일차 근사시키는 장점을 갖고 있었으므로 곧 편미분학에서도 쓰이게 되었다.

종종 우리는 숫자를 대입해 넣는 것이 비현실적일 정도로 항과 인수들이 많은 수식을 만나게 된다. 그런 문제는 우리가 아주 많은 사건을 고려할 때 확률 문제에서 생긴다. 하지만 그런 경우 사건이 더 많아질 때 결과의 확률을 알아보기 위해서는 숫자로 된 식의 값을 얻는 것이 중요하다. 그중에서도 특별히 이 확률이 확실성－사건의 수가 무한대가 되면 마침내 닿게 되는 확실성－으로 수렴하는 법칙을 찾는 것이 중요하다. 이 법칙을 찾기 위해 나는 많은 항과 인수를 가진 식을 적분함으로써, 매우 높은 차수로 거듭제곱한 인수들을 곱한 미분의 정적분 결과를 알아보았다. 그 결과 나는 해석학의 복잡한 식들과 차분방정식의 적분을 유사한 적분으로 변환시켜 보자는 아이디어를 얻게 되었다. 나는 적분함수와 적분의 극한이 동시에 나오는 방법을 써서 그 아이디어를 완성시켰다. 놀랍게도 이 적분함수는 수식의 생성함수인 동시에 제시된 방정식의 생성함수이기도 했다. 이렇게 해서 이 방법은 그것이 보완해 주는 생성함수 이론과 연결된다. 이제 남은 문제는 정적분을 수렴하는 급수로 바꾸는 것뿐이다. 이를 위해 나는 급수를 나타내는 식이 복잡할수록 급수가 더 빠르게 수렴하게 되는 방법을 썼다. 따라서 이 방법이 더 필요해질수록 이 방법은 더욱 정확해지는 것이다. 대부분의 경우 이 급수는 $\sqrt{\pi}$를 인수로 가지며, 또 때로는 수가 무수히 많은 다른 초월수를 인수로 갖는다.

해석학의 엄청난 보편성과 관련되는 것이면서 이 방법을 확률 이론에서 가장 자주 나오는 차분식과 차분방정식에 확장시켜 주는 중요한 사항이 있다. 그것은 정적분의 극한값을 양의 실수라고 가정할 때 만나게 되는 급수는 이 극한값을 결정하는 방정식이 단지 음수 또는 허수 근을 갖는 경우에도 똑같이 생긴다는 것이다. 이렇게 양수에서 음수로, 실수에서 허수로 넘어가는 것은 내가 처음 이용한 것인데, 그 덕분에 나는 특이한 정적분의 값을 구하는 데까지 나아갈 수 있었고, 그 이후 나는 그런 적분을 곧바로 계산하게 되었다. 따라서 이들 변환은 수학에서 오랫동안 이용해 온 귀납이나 유추-처음에는 극도로 조심하고 나중에는 완전히 신뢰하면서 쓰는 방법으로서 많은 사례들에 의해 정당화된다-와 비슷한 발견의 수단으로 간주할 수 있다. 하지만 이 다른 방법들로 얻은 결과들은 직접적인 증명을 통해 항상 확인할 필요가 있다.

나는 앞의 방법들 전체를 생성함수 이론이라 불렀는데, 이 방법들은 내가 《확률의 해석 이론》이라는 제목으로 출판했던 연구의 토대 역할을 했다. 이 방법들은 어떤 양을 반복해서 곱하는 것은 그 양 자체로, 또 차수가 양의 정수인 그것의 거듭제곱을, 그것을 나타내는 문자의 상단 방향에 거듭제곱의 차수를 나타내는 숫자를 써서 표시하는 단순한 아이디어에 연결되어 있다. 데카르트가 그의 《기하학(Géomé- trie)》에서 썼고, 그 중요한 연구가 발표된 이래 널리 받아들여졌던 이 표기법은, 이 위대한 수학자가 오늘날 미적분학의 기초를 쌓는 데 이용한 곡선 이론이나 변수함수 이론과 비교하면 사소한 것에 지나지 않는다. 하지만 해석학의 언어는 모든 것들 가운데 가장 완벽하기 때문에 그 자체로 강력한 발견의 도구이며, 그 기호들은 필요하고 잘 이해된 경우라면 새로운 미적분학을 위한 많은 씨앗이다. 위의 예제가 좋은 보기다.

월리스(J. Wallis, 1616~1703)는 그가 쓴 《무한 산술(Arithmetica Infinitorum)》(해석학이 발달하는 데 가장 크게 이바지한 연구 가운데 하나다)에서 특별히 귀납과 유추의 실마리를 따라가는 데에 관심을 갖고는, 어떤 문자의 지수를 2, 3 등등으로 나누면(데카르트의 표기법에 따라, 그리고 나눗셈이 가능할 때), 지수만큼 거듭제곱한 문자의 제곱근, 세제곱근 등등이 된다고 생각했다. 유추에 따라 이 결과를 나눗셈이 불가능한 경우에까지 확장해서, 그는 지수가 분수인 것은, 그 분수의 분자로 거듭제곱한 양에 대해 분모로 표시된 차수에 해당하는 제곱근을 취한 것으로 생각했다.[32] 그는 다시 데카르트의 표기법을 따라

---

32) (옮긴이 주) 이 복잡한 문장이 나타내는 것은 a^m에서 지수 m을 n으로 나눈 것은 a^m의 n제곱근이라는 것, 즉 $a^{\frac{m}{n}} = \sqrt[n]{a^m} = (a^m)^{\frac{1}{n}}$이라는 단순한 사실이

다.

같은 문자를 거듭제곱한 것 두 개를 곱하는 것은 지수를 더하는 것에 해당하고, 나누는 것은 피제수의 지수가 제수의 지수보다 클 경우 앞의 지수에서 뒤의 지수를 빼는 것에 해당한다고 썼다. 월리스는 이 결과를 제수의 지수가 피제수의 지수와 같거나 더 커서 그 차이가 0이 되거나 음수가 되는 경우에까지 확장했다. 이때 그는 지수가 음수인 것은, 1을 양수 지수인 거듭제곱으로 나눈 것으로 가정했다. 이로부터 그는 일반적으로 항이 하나인 미분을 적분하게 되었고, 그 결과를 가지고 지수가 양의 정수인 특별한 종류의 이항 미분을 적분하는 것에 대해 추론했다. 이 적분을 표현하는 숫자들의 법칙에 유의하여 월리스는 원의 지름을 제곱한 값에 대한 원 면적의 비를 나타내는 공식을 구했다. 이 비를 그는 항의 수가 많아질수록 점점 가깝게 근사되는 무한 곱으로 표현했다.[33] 월리스는 이를 위해 일련의 보간법과 함께 성공적인 귀납을 이용했다. 그의 귀납에서 우리는 수학자들을 대단히 흥분하게 만들었으며, 나의 새로운 확률 이론의 한 가지 토대가 된 정적

여기서 라플라스는 이 사실보다는 이를 나타내는 여러 표기법의 변화를 강조하고 있다.

33) (Dale, 158쪽) $\frac{\pi}{4} = \frac{3\times3\times5\times5\times7\times7\times\cdots}{2\times4\times4\times6\times6\times8\times\cdots}$.

분 계산의 씨앗을 감지할 수 있다. 이 식은 해석학에서 나온 가장 독특한 결과 가운데 하나다. 하지만 그처럼 세심하게 제곱근의 거듭제곱을 분수 지수로 생각했던 월리스가 이런 거듭제곱을 나타내는 기호를 그보다 앞 시대 사람들을 그대로 따라 써야 했던 것은 놀랍다. 내가 잘못 알고 있는 것이 아니라면 거듭제곱을 분수 지수로 표기한 것은 뉴턴이 올덴버그(Oldenburg)에게 보낸 편지에서 썼던 것이 최초였다.[34] 지수가 양의 정수일 때 이항의 거듭제곱 차수와 그것을 전개했을 때의 계수를 비교하기 위해 그는 월리스가 잘 썼던 귀납을 이용하여 이 계수들의 법칙을 찾았고, 유추를 이용하여 그 결과를 지수가 분수와 음수인 거듭제곱에까지 확장시켰다. 데카르트의 표기법에 바탕을 둔 이러한 다양한 결과들에서 우리는 해석학 발전에 미친 그의 영향을 볼 수 있다. 그의 표기법은 또한 로그에 대해 가장 간단하고 가장 올바른 관념을 전달하는데, 로그란

---

34) (Dale, 158쪽) 뉴턴이 1676년 6월 13일 올덴버그에게 보낸 편지에는 다음과 같은 구절이 들어 있다. "해석학자들은 aa, aaa 대신 a^2, a^3 등으로 쓰는 데 익숙하기 때문에 나는 $\sqrt{a}, \sqrt[3]{a}, \sqrt{c:a^5}$ 대신에 $a^{\frac{1}{2}}$, $a^{\frac{3}{2}}$, $a^{\frac{5}{3}}$라고 쓰고,

$1/a$, $1/aa$, $1/a^3$ 대신에 a^{-1}, a^{-2}, a^{-3}이라고 쓴다."

단지 차수를 무한히 조금씩 증가시키면서 연속적으로 거듭제곱하면 모든 수를 나타낼 수 있는 어떤 양(量)의 지수일 뿐이다.[35)]

하지만 이 표기법을 가장 중요하게 확장시킨 것은 지수가 변수가 된 것인데, 이렇게 해서 현대 해석학에서 가장 많은 성과를 낳은 분야 중 하나인 지수함수 미적분학이 나왔다. 처음으로 지수를 변수로 해서 초월함수를 나타낸 사람은 라이프니츠였으며, 이로 말미암아 그는 유한함수를 구성하게 될 요소들의 체계를 완성시켰다. 왜냐면 모든 유한한 양함수(explicit function)는 더하기, 빼기, 곱하기, 나누기, 그리고 상수나 변수로 거듭제곱하는 방법을 써서 마지막까지 분석하고 나면 단순한 양(量)으로 환원시킬 수 있기 때문이다. 이러한 요소들로 만든 방정식의 근들은 변수의 음함수(implicit function)다. 따라서 한 변수의 로그가 거듭제곱의 지수인데 그 지수가 로그를 취해서 1이 되는 수를 거듭제곱한 것들의 급수에 있는 지수와 같다면, 그 로그는 변수의 음함수다.

라이프니츠는 자신의 미분 연산자에 양(量)에 대해서

---

35) (옮긴이 주) 물론 여기서 "차수를 무한히 조금씩 증가시키면서 연속적으로 거듭제곱하면 모든 수를 나타낼 수 있는 어떤 양(量)"이란 e를 말하며 함수 $y=e^x$의 치역은 양의 실수 전체이고 $x=\ln y$라는 것이다.

와 같은 지수를 부여할 생각을 했다. 하지만 그럴 경우 같은 양(量)을 반복해서 곱하는 것을 나타내는 대신 이 지수들은 같은 함수를 반복해서 미분하는 것을 나타내게 될 것이다. 데카르트의 표기법을 이렇게 새롭게 확장시키자 라이프니츠는 양수 차수의 거듭제곱과 미분 사이, 그리고 음수 거듭제곱과 적분 사이를 유추하게 되었다. 라그랑주는 그의 모든 연구에서 이러한 독특한 유추를 이어받고 그때까지 귀납 방법을 활용한 것 가운데 가장 아름다운 것이라 할 수 있는 일련의 귀납을 써서, 변수들이 갖가지 유한차분을 가지며 그 증분들이 무한히 작을 때 적분과 미분의 상호 변환에 대한 일반식을 얻었다. 그 식은 유용한 만큼 진기하기도 했다. 하지만 그는 증명이 어렵다고 생각해서 증명은 제시하지 않았다. 생성함수 이론은 데카르트의 표기법을 어떠한 연산자에 대해서까지도 확장시킨다. 이 이론은 거듭제곱과 이들 연산자가 나타내는 연산의 유사성을 확실하게 보여주므로 나아가 연산자들의 지수 미적분이라고 볼 수도 있다. 수열과 관계있는 모든 것들과 차분 방정식의 적분이 여기에서 가장 쉽게 나온다.

제2부 확률론의 응용

6장
운에 따르는 게임에 대해

확률에 대한 초기의 연구는 운에 따르는 게임(game of chance)[거의 대부분 도박을 일컫는다]에서 생기는 조합에 대한 것이었다. 무한히 다양한 이들 조합 중에서 어떤 것은 계산하기 쉽고 어떤 것은 더 어려운데, 계산은 조합이 복잡해짐에 따라 더 어려워진다. 수학자들이 호기심을 갖고 어려움을 극복하려 했던 덕택에 이런 종류의 해석학이 점점 개선되었다. 우리는 이미 복권에서의 이득을 조합이론을 써서 쉽게 구할 수 있음을 보았다. 하지만 예를 들어 얼마나 많은 횟수만큼 숫자를 뽑아야 모든 숫자가 다 뽑힐 것이라는 데 1 대 1로 돈을 걸어도 될지[36] 알기는 어렵다. 숫자들의 개수가 n이고 매번 뽑는 숫자가 r개며, 뽑는 횟수 i는 모르는 값이라면, 모든 숫자가 다 뽑힐 확률은 연속하는 r개 숫자들을 곱하여 i번 거듭제곱한 것을 n차 차분한 것에 따라 정해진다.[37] 그런데 n이 상당히 큰 수

---

36) (옮긴이 주) 여기서 1 대 1로 돈을 거는(bet 1 against 1, parier un contre un) 게임이란 이길 확률과 질 확률이 같은 게임, 즉 이길 승산이 1 대 1인 게임을 말한다.

라면 이 차이를 빠르게 수렴하는 급수로 바꾸지 않는 한 확률이 1/2이 될 i를 찾기가 불가능하다. 쉬운 방법은 앞에서 나온 것처럼 아주 많은 수들의 함수를 근사시키는 것이다. 만 개의 숫자로 이루어진 복권이 있다고 할 때, 한 번 뽑을 때마다 그중 하나가 뽑히므로 95,767번 뽑을 때 모든 숫자가 다 뽑힐 것이라는 데 1 대 1로 돈을 걸면 불리하고 95,768번 뽑으면 유리하다. 프랑스 복권에서 이렇게 돈을 건다면 85회 뽑으면 불리하고 86회 뽑으면 유리하다.

다시 A, B 두 사람이 앞면, 뒷면 게임을 하는 경우를 생각해 보자. 동전을 던져서 앞면이 나오면 A가 B에게 코인을 하나 주고 뒷면이 나오면 B가 A에게 코인을 하나 주는데, B가 가진 코인은 한도가 있지만 A가 가진 코인은 무한히 많다고 해보자. 게임은 B의 코인이 다 떨어지면 끝난다. 동전을 몇 번 던져야 게임이 끝날 것이라는 데 걸어야 1 대 1이 될까? B가 가진 코인이 아주 많다면 i번 이내에 게임이 끝날 확률은 항이 매우 많은 급수로 표현된다. 물

---

37) (内井惣七, 184~185쪽) 이 확률을 구하는 계산은 상당히 어려우므로 식의 모양만 나타내면 다음과 같다.

$\frac{\Delta^n [s(s-1)\cdots(s-r+1)]^i}{[n(n-1)\cdots(n-r+1)]^i}$. 여기서 Δ는 차분을 나타내는 기호다.

론 급수를 빠르게 수렴하도록 만들 수 없다면 이 급수의 값이 1/2이 되는 미지수 i를 찾기는 불가능하다. 우리가 바로 앞에서 살펴본 방법을 적용하면 미지수를 매우 단순하게 표현할 수 있으며, 이로부터 가령 B가 코인을 100개 가졌다면 23,780번 이내에 게임이 끝날 승산은 1 대 1보다 약간 작아지고 23,781번 이내에 끝날 승산은 1 대 1보다 약간 커진다.

앞에서 우리가 살펴본 것들에 덧붙여 이 두 가지 보기는 도박 문제가 해석학을 완성하는 데 어떤 역할을 할 수 있는지 충분히 잘 보여준다.

7장
같다고 가정한 확률들 사이에 있을 수 있는 미지의 상이함에 대해

이런 종류의 상이함은 확률론의 결과에 대해 명백한 영향을 미치는 것으로서 특별히 주의해야 할 것들이다. 앞면, 뒷면 게임에서 동전의 양면이 나올 가능성이 같다고 가정해 보자. 그러면 처음 던져서 앞면이 나올 확률은 1/2이고, 두 번 계속해서 앞면이 나올 확률은 1/4이 된다. 이번에는 동전의 양면 가운데 한쪽 면이 다른 쪽 면보다 더 잘 나오게 되어 있는 동전이 있는데, 어느 쪽 면이 더 잘 나오는지는 모른다고 해보자. 이때 처음 던질 때 앞면이 나올 확률은 1/2이다. 왜냐면 동전의 편향이 어느 쪽 면에 유리한지 모른다면, 그 편향이 사건이 일어나는 데 유리한지 아닌지에 따라 단순사건의 확률은 같은 크기만큼 늘어나거나 줄어들 것이기 때문이다. 하지만 동전의 편향이 어느 쪽 면에 유리한지 모를 때 연속해서 앞면이 두 번 나올 확률은 커진다. 사실 이 확률은 처음 앞면이 나올 확률에 앞면이 먼저 나온 조건하에서 두 번째로 앞면이 나올 확률을 곱한 것인데, 앞면이 먼저 나왔다는 사실이 그 동전은 앞면이 나오기 더 쉬운 동전이라고 믿을 이유가 된다. 알지 못하는 편향 때문에 두 번째에 앞면이 나올 확률이 커졌으므로 결국 두 확률을 곱한 것도 커진 것이다. 계산을 하기 위해 동전의 편향 때문에 유리해진 단순사건의 확률이 1/20만큼 커졌다고 해보자. 만일 그 사건이 앞면이라면 앞면의 확률은 1/2에 1/20을 더한 값, 즉 11/20이 되며, 두 번 연속 앞면이 나올 확률은 11/20의 제곱, 즉 121/400이 된다. 만일 유리해진 사건이 뒷면이라면 앞면이 나올 확률은 1/2에서 1/20을 뺀 값, 즉 9/20가 되고, 두 번 연속 앞면이 나올 확률은 9/20의 제곱, 즉 81/400이 된다. 처음에 우리는 동전 양면의 편향이 어떤 면에 유리한지 모르기 때문에 앞면이 두 번 나오는 복합사건의 확률은 명백히 앞에서 구한 두 확률을 더한 합을 이등분해서 구할 필요가 있다. 이 확률은 101/400로서, 1/4에 비해 1/400만큼, 즉 동전 양면이 나올 확률이 서로 달라서 늘어난 확률 1/20의 제곱만큼 더 큰 값이다. 마찬가지로 뒷면이 두 번 나올 확률은 101/400이지만 네 가지 확률을 더하면 1이 되어야 하므로 앞면, 뒷면이라는 사건과 뒷면, 앞면 사건의 확률은 각각 99/400에 불과하다. 일반적으로 이렇게 하면 나올 가능성이 같다고 판단되는 단순사건들에 대해 어느 쪽에 유리한지 모르는 미지의 일정한 원인이 있다면,

그 원인은 항상 동일한 단순사건이 거듭 나올 확률을 증가시킨다.

동전을 짝수 번 던진다면 앞면과 뒷면은 둘 다 짝수 번 나오거나 둘 다 홀수 번 나와야 한다[즉 앞면이 짝수 번, 뒷면이 홀수 번 나올 수는 없다. 또한 앞면이 홀수 번, 뒷면이 짝수 번 나올 수도 없다]. 그 두 가지의 가능성이 같다면 각 경우의 확률은 1/2씩이지만, 만일 미지의 편향이 존재한다면 항상 앞의 경우가 더 유리하다.[38)]

능력이 같은 두 사람이 동전 던지기 게임을 해서 진 사람이 상대방에게 코인을 하나씩 주는데, 어느 쪽이든 동전이 다 떨어지면 게임이 끝난다고 해보자. 확률론에 따르면 게임 참가비가 각자 가진 코인 수에 반비례해야만 공정한 게임이 된다. 하지만 두 사람의 능력에는 작지만 미지의 차이가 있어서 코인을 적게 가진 사람이 더 유리하다면, 그가 이길 확률은 코인 수를 두 배, 세 배로 늘일수록 높아지며, 만일 두 사람이 가진 코인의 비는 일정하지만

---

38) (内井惣七, 185쪽) 앞면과 뒷면이 나올 확률이 각각 p, q인 동전을 n회 던질 때 앞면이 홀수 번 나올 확률은 n이 짝수이면 $\frac{1}{2}\{(p+q)^n-(p-q)^n\}$이고, n이 홀수이면 $\frac{1}{2}\{(p+q)^n+(p-q)^n\}$이다. n이 짝수이면 $(p-q)^n \geq 0$이므로 이 확률은 1/2보다 작아진다. 즉 앞면이 짝수 번 나올 확률이 홀수 번 나올 확률보다 더 크다.

코인 수가 매우 많으면 두 사람의 확률은 1/2로 같아진다.

이러한 미지의 편향이 미치는 영향을 교정하려면 무차별적인(random) 방식으로 그 차이가 나타나도록 하면 된다. 가령 앞면, 뒷면 게임에서 승부를 정하는 첫 번째 동전 말고 다른 동전을 하나 더 던졌을 때 나오는 면을 무조건 앞면이라고 부르기로 한다면, 동전을 하나만 가지고 게임을 할 때보다 연속으로 앞면이 두 번 나올 확률은 1/4에 더 가까워질 것이다. 동전을 하나만 가지고 게임을 할 때 생기는 차이는 미지의 차이 때문에 첫 번째 동전의 어떤 면이 나올 확률이 늘어난 작은 값의 제곱이다. 하지만 동전을 두 개 이용하는 경우 이 차이는 그 제곱에 두 번째 동전에서 편향 때문에 늘어난 작은 확률 값의 제곱을 곱한 것이므로 작은 확률을 네 번 곱한 셈이 된다.[39]

---

39) (옮긴이 주) 피어슨은 "해석학적 설명 없이 라플라스의 글을 따라 읽기는 너무 어렵다고 고백해야겠다"면서 아마 라플라스의 생각은 다음과 같을 것이라고 덧붙였다(Pearson, 663~664쪽). 첫 번째 동전은 앞면의 확률이 $\frac{1}{2}+p$, 두 번째 동전은 앞면의 확률이 $\frac{1}{2}+q$라고 하자. 먼저 p, q가 모두 양수인 경우부터 생각하면 첫 번째 동전이 앞면이라고 '불릴' 경우는 두 번째 동전이 앞면이고 첫 번째 동전이 앞면인 경우, 두 번째 동전이 뒷면이고 첫 번째 동전이 뒷면인 경우의 두 가지다.

이 경우의 확률은 $(\frac{1}{2}+p)^2+(\frac{1}{2}-q)^2=\frac{1}{2}+2pq$ 다. 또 $p<0$, $q<0$일 때 그 확률은 $\frac{1}{2}+2pq$ 이고 p, q 의 부호가 다른 두 경우 그 확률은 모두 $\frac{1}{2}-2pq$

1부터 100까지 숫자를 순서대로 항아리에 넣고 잘 흔들어 섞은 다음 숫자 하나를 뽑는다고 하자. 숫자들이 잘 섞였다면 각 숫자가 뽑힐 확률은 모두 같을 것이다. 하지만 숫자를 항아리에 넣는 순서 때문에 숫자마다 뽑힐 확률에 차이가 생길 것 같다면, 이 숫자들을 뽑힌 순서에 따라 두 번째 항아리에 놓고 흔들어 섞으면 그 차이를 상당히 줄일 수 있다. 이 차이는 두 번째 항아리에서도 이미 피할 수 없는데, 세 번째, 네 번째 항아리를 계속 이용하면 줄일 수 있다.

가 되므로 첫 번째 동전이 두 번 연속 앞면으로 '불릴' 확률은
$\frac{1}{4}\left[(\frac{1}{2}+2pq)^2+(\frac{1}{2}-2pq)^2+(\frac{1}{2}-2pq)^2+(\frac{1}{2}+2pq)^2\right]=\frac{1}{4}+4p^2q^2$가 된다. 여기서 동전 하나만으로 게임을 할 때 앞면이 두 번 이어서 나올 확률은 $\frac{1}{4}+p^2$인데, $q^2<\frac{1}{4}$이므로 $\frac{1}{4}+4p^2q^2<\frac{1}{4}+p^2$이다.

8장
사건의 무한 반복으로부터 생기는 확률 법칙에 대해

사건의 수가 증가하면, 우연이라는 이름에 포함되는 가변적이고 미지의 것이면서 사건의 순서를 불확실하고 불규칙적으로 만드는 원인들 속에서 놀라운 규칙성이 드러난다. 그 규칙성은 마치 어떤 계획에 따라 생기는 것처럼 보이기도 하기 때문에, 신의 섭리가 작용한다는 증거로 간주되기도 했다. 하지만 잘 생각해 보면 그 규칙성은 단지 각 단순한 사건들이 갖는 가능성이 드러난 것일 뿐임을 곧 알 수 있다. 사건들의 가능성이 크면 클수록 사건이 더 자주 일어날 수밖에 없는 것이다. 가령 흰 공과 검은 공이 들어 있는 항아리에서 공을 한 개씩 꺼내는데 꺼낸 공은 새로 공을 꺼내기 전에 다시 항아리에 집어넣는다고 하자. 꺼낸 공이 흰 공인 경우와 검은 공인 경우의 비는 처음 몇 차례 동안에는 매우 변화가 심한데, 이러한 불규칙성을 일으키는 가변적인 원인은 사건이 규칙적으로 진행되는데 도움이 되고 도움이 되지 않도록 번갈아 가며 작용한다. 그러한 작용은 던진 횟수가 커지면 서로 상쇄되므로 항아리에 든 공의 비, 즉 한 번 공을 뽑을 때 흰 공을 뽑을 경우와 검은 공을 뽑을 가능성의 비를 점점 더 잘 추정할 수 있게 된다. 이로부터 다음 정리가 나온다.

> 뽑힌 전체 공의 수에 대한 흰 공이 뽑힌 수의 비, 그리고 항아리 속에 있는 전체 공의 수에 대한 항아리 속 흰 공 개수의 비, 이 두 가지 비의 차이가 어떤 정해진 값보다 크지 않을 확률은 사건의 수가 점점 커지면 그 정해진 값이 아무리 작다 하더라도 확실성에 가까워진다.

이 정리는 상식에 따른 것이지만 해석학적으로 증명하기는 어렵다. 따라서 이 정리를 처음 증명한 탁월한 수학자 자코브 베르누이는 자신의 증명을 매우 중요하게 취급했다. 이 정리를 증명하는 데 생성함수를 이용하면 증명이 쉬워질 뿐 아니라 관측한 사건의 비가 각각의 확률로 이루어진 비의 참값으로부터 단지 어떤 한계 이내에 있을 확률도 구할 수 있다.

일반적인 법칙으로 간주해야 할 다음 결과가 이 정리로부터 유도된다. 자연의 결과들에서 생기는 관계는 그 결과의 수가 아주 많다면 거의 일정하다. 따라서 매년 생기는 변동에도 불구하고 상당히 오랜 햇수에 걸친 수확량의 합은 사실상 같다. 그러므로 편리한 예측에 따라 자연적으로는 계절마다 서로 다르게 산출되는 것들도 모든 계절을 합하면 균일하게 분포하므로 계절적인 변동이 나타나지 않을 것이라고 할 수 있다. 사람에 관계되는 원인 때문에 생기는 결과도 이 법칙으로부터 벗어나지 않는다. 연간 출생률이나 출산에 대한 혼인의 비는 연도별로 변동이 아주 작다. 파리에서는 매년 출생률이 거의 같으며, 내가 듣기로는 일상적인 것들 가운데 배달 불능 우편물의 수도 해마다 거의 변화가 없는데, 이는 런던에서도 역시 마찬가지라고 한다.

또한 이 정리로부터 무한히 이어지는 사건들에서 규칙적이고 일정한 원인은 결국 불규칙적인 원인들보다 우월하다는 결론이 나온다. 이 때문에 복권 발행자는 마치 농사를 짓고 수확하듯이 이득을 얻게 된다. 아주 많은 복권의 당첨, 낙첨이 판가름 나면 복권 발행자가 미리 정해둔 확률에 따라 그는 결국 이득을 얻게 되기 때문이다. 많은 유리한 기회들이 사회를 만들고 유지시키는 이성과 정의, 그리고 박애의 영원한 원칙을 지키는 것에 항상 관계되므로 이 원칙들을 지키는 것은 매우 이로운 것이며, 그 원칙들을 무시하는 것은 큰 해가 된다. 우리가 역사와 우리 자신들의 경험을 돌아보면 모든 사실이 이 이론의 결과를 뒷받침하는 것을 알 수 있다. 이성과 인간의 자연권을 어떻게 확립하고 유지하는지 알고 있던 국민들 속에서 이성과 인간의 자연권에 바탕을 둔 제도가 낳는 행복한 결과를 생각해 보라. 또 건전한 신뢰에 바탕을 두는 행정을 펼쳤을 때 정부가 얻는 이점을 생각해 보라. 그리고 빈틈없이 정확하게 업무를 수행하는 중에 정부가 희생하게 되면 어떻게 보상받는지 생각해 보라. 국내에서 정부의 위력은 얼마나 클 것이며, 국외에서 그 정부의 위신은 얼마나 높겠는가. 다른 한편, 종종 권력을 쥔 자들의 야망과 불신 때문에 사람들이 얼마나 깊은 불행의 심연 속에 빠지게 되는지 보라. 어떤 강국이 정복욕에 도취되어 세계를 지배하려는 야망을 품을 때마다, 위협당하는 나라들 중에서 독립을 바라는 국가들은 연합을 이루어 거의 항상 강국을 패배시킨다. 이와 유사하게 여러 국가의 크기를 크게 하거나 줄이는 다양한 원인들 가운데에서 고정된 원인과 같은 역할을 하는 자연적인 경계가 결국 중요한 것이다. 나라의 안정과 번영 모두를 위해서는, 마치 맹렬한 폭풍 때문에 치솟았던 바닷물이 중력의 힘에 의해 다시 심연 속으로 가라앉듯이, 여러 원인들의 작용에 의해 늘 지속적으로 정해지는 경계 너머로 자연적 경계를 확장시키지 않는 것이 중요하다. 이 또한 확률론의 결과로서 많은 파멸적인 경험이 확실하게 보여주는 바다. 만일 고정된 원인의 영향이라는 측면에서 역사를 생각해 본다면 호기심에서 발동한 흥미와 결합하여 인간에게 가장 유용한 교훈을 줄 것이다. 때로 우리는 이 원인들의 필연적인 결과들을 우연한 환경의 탓으로 치부하기도 하는데, 그 환경은 단지 원인이 작용할 수 있도록 해준 것에 지나지 않는다. 예를 들어 어떤 민족이 너른 바다 너머에 있거나 먼 거리에 있는 다른 민족의 지배를 항상 받는다는 것은 자연의 순리를 거스르는 일이다. 결국 이 고정된 원인은 같은 방향으로 작용하며, 시간이 지남에 따라 드러나는 가변적인 원인들과 끊임없이 결합할 것이다. 그 결과 고정된 원인은 충분히 강력해져서 피지배 민족을 그 자체로 독립시키거나 힘센 주변 나라에 병합되게 만들 것이다.

우연을 분석할 때 가장 중요한 것은, 많은 경우 우리가 단순사건이 일어날 가능성에 대해 알지 못한다는 점이다. 따라서 우리는 그 사건들이 의존하는 원인을 짐작하는 데 길잡이가 될 실마리들을 과거의 사건들로부터 찾아보려 시도할 수밖에 없다. 관측된 사건이 주어졌을 때 원인의 확률에 대해 앞에서 설명한 원리에 생성함수 이론을 적용하면 다음 정리를 얻는다.

도박에서 생기는 것처럼 하나의 단순사건 또는 여러 단순사건이 복합된 어떤 사건이 아주 여러 번 반복해서 나올 때, 관측한 결과가 나올 확률을 최대로 만드는 단순사건들의 가능성들은, 가장 있음 직하다고 관측이 가리키는 가능성들이다.[40] 관측 사건이 자주 거

---

40) (옮긴이 주) 원문(EPP, 79쪽)은 다음과 같다. "les possibilités des évèn- emens simples qui rendent ce que l'on a observé, le plus probable, sont celles que l'observation indique avec le plus de vraisemblance." '확률', '가능성' 등으로 옮길 수 있는 세 단어를 그대로 두고 직역하면, "관측된 것을 가장 probable하게 만드는 단순사건들의 possibilités들은 관측이 가장 큰 vraisem- blance를 가지고 지시하는 것들이다"가 된다. 여기서 '관측 결과의 확률을 가장 크게 만드는 모수 추정법'은 가능도함수를 최대로 만드는 모수를 찾는 최대 가능도(maximum likelihood) 방법을 일컫는 것 같지만 그렇지 않다. 라플라스는 모수 추정 문제를 주로 베이스 추론의 입장에서 생각했는데, 사후 밀도함수를 최대로 만드는 추정법 외에 사후분포의 중위수도 종종 이용했다. 그런데 그는 대부분의 경우 모수의 사전분포로 균등분포를 가정했기 때문에 사후 밀도를 최대로 하는 것은 가능도함수를 최대로 만드는 것과 형태상으로는 마찬가지다. 여기서도 '단순사건의 가능성'의 사전 확률분포로 균등분포를 가정한 셈이다. 그런데 Dale, 38쪽에서는 마지막의 'vraisemblance'를 'likelihood'라고 옮겼는데 라플라스의 원문에서 이 단어가 나타내는 것은 '사후 확률로서의 가능도(우도)'다. 여기서는 이 단어를 원문의 뜻을 살리기 위해 '있음 직한 정도'라고 풀어서 옮겼다. 물론 최대 가능도 방법에 해당하는 모수 추정법은 1760년

듭될수록 그 있음 직한 정도는 커지며, 반복 횟수가 무한히 커지면 확실성에 가까이 간다.

여기에서 우리는 근삿값을 구하는 두 가지 방법을 찾아볼 수 있다. 하나는 과거를 가장 있음 직하게 만드는 가능성의 양쪽 한계에 관한 것이다. 다른 하나는 이 가능성들이 어떤 주어진 구간 안에 들어갈 확률에 관한 것이다. 구간의 끝 값들이 일정하다면 복합사건이 반복됨에 따라 이 확률은 점점 커진다. 다른 한편 만일 확률이 일정하다면 그 사건이 반복됨에 따라 구간의 폭은 점점 좁아진다. 결국에는 구간의 폭은 0에 가까이 가고, 확률은 1, 즉 확실성으로 바뀐다.

이 정리를 유럽 여러 나라의 남녀 출생비에 적용해 보자. 모든 곳에서 거의 22:21인 그 비는 남자아이가 태어날 확률이 매우 크다는 것을 말해준다. 이 결과가 나폴리에서나 상트페테르부르크에서나 같다는 점을 생각하면 신

람베르트가, 그리고 1778년에는 다니엘 베르누이가 발표한 바 있다. 하지만 1920년대에 피셔의 연구가 나오기까지 가능도 방법은 추정에서 거의 쓰이지 않았고, 라플라스가 활동하던 19세기 초에 널리 쓰인 방법은 최소제곱법이었다. 그리고 가우스의 연구에서 볼 수 있듯이 최소제곱법에 대해 확률 이론적인 근거를 제공한 것은 베이스 추론이었다.

생아 성비에 있어서는 기후의 영향이 무시할 정도임을 알 수 있다. 따라서 우리는 통상적인 믿음과 달리 동양에서까지도 남자아이들이 더 많이 태어날지 모른다고 생각할 수 있다. 그래서 나는 이집트에 간 프랑스 학자들에게 이 흥미로운 문제를 맡겨보았다. 하지만 출생에 대한 정확한 정보를 얻기 어려웠기 때문에 그들은 답을 구할 수가 없었다. 다행스러운 것은 훔볼트(A. von Humboldt, 1769~1859) 씨가 대단히 명민하게, 그리고 끈기 있게 용기를 갖고 아메리카에서 관찰하고 기록한 아주 많은 새로운 것들 가운데에 이 문제가 들어 있었다. 그는 우리가 파리에서 본 것과 같은 신생아 성비를 열대 지방에서 발견했으므로 우리는 마땅히 남자아이가 더 많이 태어나는 것은 인류의 보편적인 법칙이라고 간주하게 되었다. 여러 종의 동물들도 따르는 이 법칙은 자연학자들의 관심을 끌 만하다고 생각한다.

한곳에서 아주 많은 신생아를 관측하여 남자아이와 여자아이의 비가 1과 아주 조금만 다르다는 사실이 관찰되었다면 보편적인 법칙과 반대되는 결과가 제기될 수 있으며, 법칙이 존재하지 않는다고 결론 내릴 수밖에 없다. 이 결과를 위해서는 아주 많은 관측을 해야 하고 그것이 참일 확률이 높아야 한다. 예를 들어 뷔퐁은 《도덕 산술》에서

부르군트 지역의 여러 교구에는 남자아이보다 여자아이의 출생이 더 많은 경우가 있다고 말했다. 그 교구들 가운데 카셀 르 그리농 교구에서는 5년간 2,009명이 태어났는데 1,026명이 여자아이였고 983명이 남자아이였다는 것이다. 물론 이 숫자들은 꽤 큰 수지만 여자아이가 더 많이 태어날 확률을 계산하면 9/10밖에 되지 않는다. 이 확률은 동전을 네 번 던지는 게임에서 앞면이 네 번 연속 나오지 않을 확률보다 작은 것으로서 이 특별한 경우의 원인을 연구해 볼 정도로 큰 확률이 못 된다.41) 모든 가능성 가운데 이 경우의 특별함이란 1세기 동안 그 교구의 출생을 조사하면 사라져버릴 정도의 특별함에 지나지 않는 것이다.

출생신고는 주민들의 상태를 확실히 알기 위해 면밀히 이루어지는 것으로서 모든 사람의 수를 헤아리지 않고도 대제국의 인구를 알아내는 데 도움이 될 것이다. 모든 사

---

41) (옮긴이 주) p가 여자아이가 태어날 확률이고 p의 사전분포가 일양분포이며, 여자아이가 1,026명, 남자아이가 983명 태어났다고 한다면,

$$\Pr\left[p > \frac{1}{2}\right] = \frac{\int_{1/2}^{1} x^{1026}(1-x)^{983}dx}{\int_{0}^{1} x^{1026}(1-x)^{983}dx} = 0.831\ldots$$ 로서 9/10보다 작은 값이다

(*Dale*, 163~164쪽). 물론 동전을 네 번 던질 때 앞면이 연속 네 번 나오지 않을 확률은 $1-\frac{1}{2^4}=0.9375$다.

람을 헤아린다는 것은 힘들고 정확하게 수행하기 어려운 일이다. 하지만 출생 데이터로 총인구를 알아내기 위해서는 총인구와 연간 출생 수의 비를 알아야 한다. 이 비를 알아내는 가장 정확한 방법은 (1) 지역적인 상황의 영향에서 벗어난 일반적인 결과를 얻기 위해 제국의 지역들 가운데 가능한 한 가장 동질적인 지역을 고른다. (2) 선택된 각 지역에 있는 여러 교구의 주민 수를 정해진 시점에 꼼꼼히 헤아린다. (3) 그 시점을 전후한 해의 출생신고로부터 연간 출생 수에 해당하는 평균을 계산한다. 집계 범위를 넓힐수록 이 평균을 주민 수로 나누어서 구하는 연간 총인구에 대한 출생 수의 비는 더욱 신뢰할 수 있게 된다. 프랑스 정부에서는 이러한 집계의 효용성을 확신하고 나의 요청에 따라 이 방법의 실행을 명령하기로 결정했다. 프랑스 전국에 골고루 흩어져 있는 30개 현(縣)에서 가장 정확한 정보를 제공할 수 있을 것으로 보이는 교구들이 선택되었다. 1802년 9월 23일 현재 그 지역의 주민 수는 2,037,615명이었으며 1800, 1801, 1802년 그 교구에서 나온 출생 보고는 다음과 같았다.

출생	혼인	사망
남 110,312		남 103,659
	46,037	
여 105,287		여 99,443

따라서 연간 출생 수에 대한 총인구의 비는 $28\frac{352,845}{1,000,000}$가 되어 지금까지 추정했던 것보다 더 높았다.[42] 여기에 프랑스의 연간 출생 수를 곱하면 프랑스 인구를 추정할 수 있다. 그런데 이렇게 구한 인구와 참값의 차이가 어떤 주어진 수 이내일 확률은 얼마일까? 이 문제를 풀고 앞의 데이터를 이용하여 나는 매년 프랑스의 출생 수를 1,000,000명(이때 프랑스 인구는 28,352,845명)이라고 한다면 오차가 500,000명보다 작을 승산이 거의 300,000 대 1임을 알게 되었다.

앞의 표에서 신생아의 남녀 비는 22 대 21이며, 혼인 수와 출생 수의 비는 3 대 14임을 알 수 있다.

그런데 파리에서는 세례 받는 아이들의 성비가 22 대 21과 조금 다르다. 출생신고를 할 때 성별을 기록하기 시

---

42) (Dale, 164쪽) 3년간의 출생 수를 합한 것이므로 2,037,615:(110,312+105,287)/3=28.3528448. 피어슨에 따르면 이 계산법은 존 그랜트의 방법과 같다고 한다.

작한 1745년부터 1784년 말까지 파리에서 세례를 받은 남자아이는 모두 393,386명, 여자아이는 377,555명이었다. 이 두 수의 비는 거의 25 대 24로서 파리에서는 특별한 원인이 작용하여 세례 받는 남녀 아이들 수가 더 비슷해진 것 같다. 이 문제에 확률론을 적용하면 그러한 원인이 존재한다는 승산이 238 대 1로 나오는데, 이 정도라면 그 원인을 충분히 연구해 볼 만하다. 내가 생각해 보건대 파리에서도 아이들은 다른 곳과 같은 출생 성비에 따라 태어났지만, 시골이나 지방에 사는 부모들이 남자아이를 집에 붙잡아 두는 것이 이득이 된다고 여긴 결과 여자아이보다 남자아이를 파리에 있는 고아원에 덜 보냈기 때문에 이러한 차이가 생긴 것 같다. 사실 이러한 추측은 고아원에서 나온 보고서로도 뒷받침된다. 1745년부터 1809년까지 고아원이 받아들인 아이 중에는 남자아이가 163,499명, 여자아이가 159,405명이었다. 남자아이의 수는 여자아이의 수보다 적어도 1/24 이상 더 많아야 하는데도 실제로는 차이가 단지 1/38밖에 되지 않는다. 고아원을 제외하고 파리의 신생아 성비를 구하면 22 대 21이 되므로 내가 생각한 원인은 확정적이다.

우리는 아이가 태어나는 것을 무수히 많은 흰 공과 검은 공이 든 항아리로부터 공을 뽑는 것에 비교할 수 있다고 가정하고 위의 결과를 얻었다. 항아리 속에 든 공들은 잘 섞였기 때문에 공을 뽑을 때마다 각 공이 뽑힐 확률은 모두 같지만, 아이가 태어나는 것은 같은 계절이라 할지라도 연도별로 변동이 있어서 출생 때의 성비가 영향을 받을 수 있다. 프랑스 경도국(Le Bureau des Longitudes de France)에서는 매년 왕국의 인구 변화표가 들어 있는 연보를 발행한다. 이미 발행된 표는 1817년부터 시작되는데, 그 해와 이어지는 5년 동안 남자아이가 2,962,361명, 여자아이가 2,781,997명 태어난 것으로 되어 있으므로 성비는 16 대 15다. 이러한 평균 성비는 연도별로 각각 계산한 성비와 거의 차이가 없는데, 연도별 성비 가운데 가장 낮은 것이 1822년의 17 대 16이고 가장 높은 것이 1817년의 15 대 14다. 그런데 이 성비들은 앞에서 구한 22 대 21과는 상당히 다르다. 출산을 항아리에서 공을 꺼내는 것과 비교할 수 있다고 가정하고, 이 차이에 확률 이론을 적용하면 이 정도의 차이는 거의 나올 수 없음을 알 수 있다. 이 가정은 비록 근사 방법으로는 좋지만 엄밀히 정확한 것은 아니라고 하겠다. 우리가 방금 말한 출생 가운데에는 사생아들이 들어 있는데 남자아이 200,494명과 여자아이 190,698명이 이에 해당한다. 이들의 성비는 20 대 19로서 평균 비 16 대 15보다는 작다. 이 결과는 고아원의 경우와 마찬가지이며, 사생아들은 그렇지 않은 아이들에 비해 남녀 성비가 더 비슷함을 말해준다. 한편 프랑스 북부에서 남부에 걸친 기후의 차이는 신생아 성비에 별다른 영향을 주지 않은 것으로 보인다. 가장 남쪽에 있는 30군데 현에서도 역시 프랑스 전체와 마찬가지로 성비는 16 대 15였다.

처음 기록하기 시작한 이래 남자아이가 여자아이보다 더 많이 태어나는 것은 파리에서나 런던에서나 모두 마찬가지였는데, 어떤 사람들은 이를 신의 섭리가 작용한다는 증거로 여겼다. 그 사람들은 신의 섭리가 없었다면 끊임없이 요동하는 불규칙적인 원인 때문에 여자아이가 남자아이보다 더 많이 태어나는 경우가 여러 차례 생겨야 마땅하다고 생각했다.

하지만 이는 너무나 흔히 보게 되는 목적인(final cause)이라는 교리의 또 다른 오용 사례일 뿐이다. 그러한 원인은 문제를 풀 수 있는 데이터를 갖고 문제를 더 깊이 탐구해 보면 사라져버린다. 신생아 출생 성비가 변하지 않은 것은 남자아이가 더 많이 태어나게 만드는 규칙적인 원인이 있기 때문이며, 연간 출생 수가 많을 때에는 그 원인으로 인해 무차별적인 변동의 효과는 눈에 띄지 않게 된다. 이러한 불변성이 오랫동안 유지될 확률을 찾는 것은 확률 이론 가운데에서도 과거 사건으로부터 미래 사건의 확률을 구하는 분야에 속한다. 그리고 1745년부터 1784년까지 관찰한 출생 수를 바탕으로 삼으면 파리에서 100년 동안 변함없이 남자 신생아 수가 여자 신생아 수보다 많을 승산은 거의 4 대 1이라고 할 수 있다. 반세기 동안 계속 남자가 여자보다 더 태어났다고 해서 놀랄 이유가 없는 것이다.

숫자가 늘어나면 비가 일정해지는 다른 예를 들어보자. 항아리들이 둥글게 배열되어 있는데, 각 항아리에는 대단히 많은 흰 공과 검은 공이 들어 있다. 그런데 가령 어떤 항아리에는 흰 공만 들어 있고 어떤 항아리에는 검은 공만 들어 있는 등 흰 공과 검은 공의 비는 원래 매우 다르다고 하자. 첫 번째 항아리에서 공을 하나 꺼내 두 번째 항아리에 넣은 다음 두 번째 항아리를 흔들어 공을 잘 섞는다. 그 항아리에서 공을 하나 꺼내 세 번째 항아리에 넣은 다음 그 항아리도 흔들어 공을 잘 섞는다. 이런 과정을 계속하여 마지막 항아리에서 꺼낸 공을 첫 번째 항아리에 넣고 다시 첫 항아리부터 같은 과정을 되풀이한다. 이 경우 확률 이론에 따르면 각 항아리에 든 흰 공과 검은 공의 비는 항아리마다 서로 같아지며, 그 비는 전체 항아리에 든 흰 공 개수와 검은 공 개수의 비와 같다. 따라서 변화의 패턴이 이처럼 규칙적이라면 결국 애당초 제각각이던 비들 사이의 차이가 사라지고 가장 단순한 질서가 그 자리를 차지한다. 이번에는 원래 항아리들 사이에 새 항아리들을 놓는데, 새 항아리들 전체에 든 흰 공과 검은 공의 비는 원래 항아리들 전체에서의 비와 다르다고 해보자. 원래 항아리와 새 항아리 모두에 대해 앞에서와 마찬가지 과정을 계속하면 원래 항아리들 속에 있던 단순한 질서가 먼저 사라지면서 흰 공과 검은 공의 비가 항아리마다 서로 상당히 달라질 것이다. 하지만 그 불규칙적인 비들은 점점 새로운 질서로 바뀌게 되는데, 최종적으로 각 항아리 속에 든 공의 비는 모든 항아리 속에 있는 흰 공 전체와 검은 공 전체의 비가 된다. 우리는 이러한 결과를 자연적으로 생기는 모든 조합들에 적용할 수 있다. 거기에서는 일정한 힘이 원소들에 작용하여 규칙적인 운동 패턴이 나타나 혼돈의 한복판에서 경탄할 만한 법칙의 지배를 받는 시스템을 만든다.

따라서 가장 우연에 따르는 듯 보이는 현상들도 반복되면 항상 고정된 비에 가까이 간다. 만일 우리가 이러한 각 비들이 충분히 작은 구간 속에 포함된다고 상상하면 관측한 것들의 평균이 이 구간 안에 들어갈 확률과 확실성(즉 확률 1)의 차이는, 어떠한 값이 주어지더라도 그 값보다 더 작아질 것이다. 그러므로 확률론을 많은 관측 결과에 적용하면 이들 비가 존재하는 것을 발견할 수 있다. 하지만 소득 없는 추측을 피하기 위해서는 원인을 찾기 전에 그 원인들이 우연히 생긴 변칙적인 것이 아니라고 할 수 있을 만큼 확률로 뒷받침할 필요가 있다. 이 확률에 대한 매우 간단한 표현은 생성함수 이론으로부터 나오는데, 그 확률은 다음 둘을 곱한 것을 적분해서 얻는다. (a) 많은 관측으로부터 연역된 결과와 참값의 차이를 나타내는 것의 미소 변화량, (b) (문제의 성질에 따라 정해지는) 1보다 작은 상수를 그 차이의 제곱과 관측 수의 비를 지수로 해서 거듭제곱한 것. 이것을 주어진 값들 사이에서 적분하고 $(-\infty, +\infty)$에서의 적분으로 나누면, 참값으로부터의 편차가 그 주어진 값들 사이에 있을 확률이 된다.[43]

---

43) (Dale, 165쪽) 라플라스가 쓴 것을 식으로 바꾸면, n번 관측했을 때 참값으로부터의 오차 또는 편차를 x라고 할 때 상수 $k<1$에 대해 확률은 다음과 같다는 것이다.

$$\Pr[\theta_1 < X < \theta_2] = \int_{\theta_1}^{\theta_2} k^{x^2/n}\,dx \Big/ \int_{-\infty}^{+\infty} k^{x^2/n}\,dx.$$

여기서 라플라스가 나타내려 했던 것은 피어슨(Pearson, 652쪽)이 썼듯이 $o < k = e^{-\frac{n}{2\sigma^2}} < 1$이라 할 때 다음과 같은 정규분포 밀도함수의 적분이었다.

$$\frac{1}{\sigma\sqrt{2\pi}}\int_{\theta_1}^{\theta_2} e^{-\frac{1}{2}x^2/\sigma^2}\,dx \Big/ \frac{1}{\sigma\sqrt{2\pi}}\int_{-\infty}^{+\infty} e^{-\frac{1}{2}x^2/\sigma^2}\,dx\,.$$

9장
자연과학에 대한 확률론의 응용[44)]

자연현상은 대부분 너무나 많은 외부 환경에 둘러싸여 있으며, 아주 많은 혼란을 일으키는 요인들이 뒤섞여서 영향을 미치므로 파악하기가 매우 어렵다. 그런 경우에는

---

44) (옮긴이 주) 원문(EPP, 91쪽)은 "Application du Calcul des Probabilités, à la Philosophie naturelle", 즉 '자연철학에 대한 확률론의 응용'인데 여기서 라플라스가 '자연철학'이라고 일컬은 분야는 오늘날의 자연과학에 해당한다. 라플라스는 천문학 · 측지학을 비롯한 자연과학에 확률이 어떻게 응용되는지 설명한 다음 증언, 의회에서의 결정, 재판 · 사망 · 혼인 · 출생 등 인간 사회에서 일어나는 일들에도 확률을 응용할 수 있다고 설명한다. 그는 그러한 분야를 'science morale'(영어로는 'moral science'라고 옮기며 일본에서는 대개 '정신과학'이라고 번역한다)이라고 불렀는데, 18, 19세기에 이 용어는 좁은 의미로서의 윤리, 도덕에 대한 학문이 아니라 경제학 · 사회학 · 정치학 · 심리학 · 윤리학 등 오늘날의 인문 · 사회과학의 여러 분야를 널리 아울러서 통칭하는 데 사용되었다. 그러므로 이 번역에서는 이 용어를 '인간과학'이라고 옮겼다. 한편 인간과학에 확률과 통계학적 방법을 적용하려 했던 사람이 라플라스가 처음은 아니었다. 그에 앞서 18세기 끝 무렵에 확률을 위시한 수학적인 방법으로 인간과 사회의 법칙을 찾을 수 있다고 주장한 대표적인 사람으로 콩도르세를 들 수 있다(《The Taming of Chance》 가운데 제5장 참조).

관측이나 경험 사례 수를 늘려서 외부의 영향들을 최종적으로 서로 상쇄시킴으로써 자연현상들과 그것을 이루는 다양한 요소들이 평균적인 결과를 통해 뚜렷이 드러나게 만드는 수밖에 없다. 관측 수가 많으면 많을수록, 그리고 관측들 사이의 차이가 작으면 작을수록 그 결과는 진실에 가까워진다. 관측들 사이의 차이를 작게 만들려면 좋은 관측 방법을 선택하고 관측기구의 정밀성을 높이고 주의를 기울여서 자세히 관측하면 된다. 다음으로 확률 이론을 써서 가장 유리한 평균 결과 또는 오차를 가장 작게 만드는 결과를 구한다. 그런데 이것만으로 충분한 것은 아니다. 거기에 덧붙여 이러한 결과가 포함한 오차가 어떤 주어진 한계 이내에 있을 확률도 추정할 필요가 있다. 만일 이러한 확률을 계산하지 않는다면 우리가 얻은 결과가 어느 정도 정확한 것인지 완전하게 알 수 없기 때문이다. 따라서 이런 목적에 쓸 수 있는 적절한 식들은 과학 방법에 있어서 진정한 진보에 해당하는 것으로서 과학적 방법에 그러한 식을 덧붙이는 것은 매우 중요하다. 이를 위해 필요한 해석학은 확률 이론 가운데에서도 가장 섬세하고 가장 어려운 것으로서 내가 확률 이론에 대해 발표한 책의 주요 주제 가운데 하나였다. 그 책에서 나는 이러한 종류의 식에 도달했는데, 그 식들은 오차의 확률 법칙으로부터 독립적이면서 관측 결과 자체와 관측 결과들의 식으로만 이루어졌다는 뚜렷한 장점을 갖는다.

각 관측은 해석학적으로 모수[45]들의 함수로 나타낼 수 있으며, 그 모수들을 상당히 정확하게 알고 있다면 그 함수는 관측과 참값 사이 편차들의 1차함수가 될 것이다. 이 함수와 관측 자체를 같다고 두면 내가 '조건방정식(equation of condition, équation de condition)'이라고 부르는 것을 얻는다. 그런 방정식의 수가 많으면 모수의 수와 방정식의 수가 같아지도록 방정식들을 결합한 다음 그 최종방정식들을 풀어서 참값으로부터의 편차를 알 수 있다. 그런데 최종방정식을 얻기 위해 조건방정식들을 결합하는 가장 좋은 방법은 어떤 것일까? 그리고 조건방정식들로부터 유도한 추정량들에 여전히 들어 있을지도 모를 오차들은 어떤 확률 법칙을 따를까? 우리는 확률 이론으로부터 이를 밝혀냈다. 조건방정식들로부터 최종방정식을 만드는 방법은 각 조건방정식에 임의의 상수를 곱하여 합하는 것에 해당한다. 이때 오류가 생길 기회를 가장

45) (옮긴이 주) 원래 라플라스가 쓴 단어는 오늘날 '모수'라고 번역되는 'paramétre'가 아니고 'élément'이다. 데일은 이 단어를 문맥에서의 쓰임새에 따라 'parameter'로 옮기기도 하고 'estimator'로 옮기기도 했는데, 이 번역에서도 대부분 그의 번역을 따랐다(Dale, 106쪽).

작게 만들도록 그 상수들을 선택할 필요가 있다. 이제 어떤 추정량에 들어 있을지도 모르는 오차에 그 오차들의 확률을 곱한다고 할 때 그 곱한 값들의 절댓값을 모두 합한 것이 가장 작아지는 경우가 최적일 것이다. 왜냐하면 양수든 음수든 오차는 모두 손실이라고 생각해야 마땅하기 때문이다. 이렇게 곱한 것들의 합을 최소로 만든다는 조건으로부터 상수들을 정할 수 있고 최적방정식들도 정할 수 있다. 따라서 우리는 최적방정식은 각 조건방정식에 있는 모수들의 계수들로부터 정해짐을 알 수 있다. 따라서 각 조건방정식에 첫 번째 모수의 계수를 곱한 다음 모든 방정식을 더하면 첫 번째 최종방정식을 얻는다. 두 번째 모수의 계수에 대해 같은 방식으로 하면 두 번째 최종방정식을 얻고, 나머지 방정식도 같은 방법으로 얻는다. 이렇게 하면 많은 관측 결과들에 담겨 있는 모수들과 현상을 다스리는 법칙들을 명확하게 찾을 수 있다.

각 추정량에 여전히 남아 있을지도 모르는 오차의 확률은, 오차의 제곱에 마이너스 부호를 붙인 것과 오차 확률의 모듈러스라고 할 수 있는 상수계수를 곱한 것을 지수로 해서, 로그를 취했을 때 1이 되는 숫자를 거듭제곱한 것에 비례한다.[46] 만일 오차들이 일정하다면 모듈러스가 커짐에 따라 그 확률은 급속히 감소하기 때문에, 우리가 얻은 추정량은 모듈러스가 커짐에 따라 점점 더 참값이라고 할 수 있는 쪽에 많은 비중을 두게 된다. 이런 이유 때문에 나는 이 모듈러스를 추정량, 또는 결과의 비중(weight, poids)이라고 부르겠다. 이 비중은 최적의 상수들을 선택하면 최대한 커지며, 이 때문에 그 방정식들이 다른 방정식들보다 좋은 것이 된다. 공통된 무게중심에서 비교했을 때 이 비중들과 물체의 무게가 두드러지게 유사하므로, 각각 많은 관측으로 이루어진 다양한 연립방정식들에 같은 모수가 있다면 전체에서 가장 좋은 평균 결과는 각 개별 결과와 그 비중의 곱을 합한 것을 모든 비중의 합

---

46) (옮긴이 주) 읽기에 지극히 거북한 이 설명은 바로 정규분포 밀도함수에서 지수함수 부분을 수식을 쓰지 않고 나타낸 것이다. x를 오차라고 한다면 그 확률은 $\exp(-h^2x^2)$에 비례한다는 것인데, 여기서 h^2 ($h=\frac{1}{\sqrt{2}\sigma}$)이 라플라스가 '모듈러스(비중)'라고 부른 것이다. 따라서 모듈러스가 커진다는 것은 오차의 분산이 작아진다는 것이므로 관측 결과가 참값에 더 집중된다는 뜻이겠다. 확률분포의 흩어진 정도를 나타내는 척도로 모듈러스라는 용어를 처음 쓴 사람은 드무아브르(정규분포 밀도함수식이 처음 등장하는 책인 1738년 《The Doctrine of Chances》에서)였는데 19세기 말 에지워스도 이 용어를 비슷한 용도로 사용했다. 19세기말에 표준편차라는 용어가 등장하기 전(분산이라는 용어가 나타난 것은 더 늦어서 20세기 이후의 일이다)까지 이러한 용도로는 사실 모듈러스보다는 'probable error($=0.674\sigma$)'가 훨씬 더 널리 쓰였다.

으로 나눈 것이 된다.[47] 게다가 각 다양한 연립방정식에서 결과의 전체 비중은 각 비중의 합과 같으므로, 전체에서 얻은 평균 결과에서 오차의 확률은 로그를 취했을 때 1이 되는 숫자를 오차의 제곱에 마이너스 부호를 붙인 것을 지수로 해서 제곱한 것과 비중들의 합을 곱한 것에 비례한다. 나는 각 비중이 각 연립방정식에서의 오차 법칙에 따라 정해지며, 이 법칙은 거의 항상 알 수 없다는 것을 인정한다. 하지만 다행스럽게도 나는 연립방정식의 관측 결과와 평균 결과 사이의 편차를 제곱한 것의 합을 써서 오차의 법칙이 들어 있는 항을 제거하는 데 성공했다. 따라서 많은 관측으로부터 얻은 지식을 완전한 지식으로 만들기 위해서는 각 결과 옆에 그것에 해당하는 비중을 적어주는 것이 바람직하다. 이를 위한 보편적이면서도 단순한 방법을 해석학으로부터 얻을 수 있다. 오차의 법칙을 나타내는 지수식을 그렇게 얻고 나면 오차가 주어진 한계 내에 있을 확률을 알게 될 것이다. 그 확률은 이 지수식을 오차의 미소 변화량과 곱하고 여기에 결과의 비중을 지름이 1인 원의 원주 길이로 나누어준 것의 제곱근을 곱한 것을

47) (Dale, 167쪽) $x_1, x_2, \cdots, x_n$이 참값 a에 대한 측정값이고 h_i가 x_i의 비중이라면 a의 최적 추정값은 $\sum_{i=1}^{n} h_i^2 x_i \,/\, \sum_{i=1}^{n} h_i^2$이다.

주어진 한계 내에서 적분하여 얻는다.[48] 이렇게 해서 같은 확률을 얻기 위해서는 결과의 오차가 그들의 비중의 제곱근과 반비례해야 하며 이를 이용하면 결과가 얼마나 정밀한지 비교할 수 있다.

이 방법을 성공적으로 활용하기 위해서는 오차를 일으키는 일정한 원인이 안 생기도록 관측이나 경험이 일어나는 상황을 바꿀 필요가 있다. 관측을 많이 해야 하며, 평균 결과의 비중은 관측 수를 모수의 수로 나눠준 값을 따라 증가하므로 구해야 할 모수의 수가 많을수록 관측 수도 늘려야 한다. 또한 만일 두 모수가 꼭 같은 만큼씩 변한다면 조건방정식에 있는 그들의 계수는 비례할 것이고, 이 모수들에서는 단 하나의 미지수만 생겨 관측에서 그것들을 분간할 수 없어지기 때문에 모수들은 관측마다 달라질 필요가 있다. 마지막으로 관측은 정확할 필요가 있다. 이 조건은 가장 중요한 것으로서 비중의 분모에 관측들과 이 결과 사이의 편차 제곱합이 있기 때문에 관측이 정확하면 비중

48) (옮긴이 주) 여기서 "지름이 1인 원의 원주 길이"란 물론 π다. 이 장황한 부분 역시 정규분포의 확률을 적분으로 구하는 것을 설명하고 있는데, 수식으로 표현해 본다면 오차를 x라고 할 때 $\Pr[\alpha < X < \beta] = \int_{\alpha}^{\beta} \frac{h}{\sqrt{\pi}} e^{-h^2x^2} dx$ 라는 것이다.

이 매우 커진다. 만일 우리가 이러한 사항들을 조심한다면 앞에서 소개한 방법을 이용할 수 있고 많은 관측에서 나온 결과들이라는 장점에서 오는 신뢰의 정도를 측정할 수도 있다.

지금까지 우리가 살펴본 것처럼 조건방정식으로부터 최종방정식들을 유도하는 규칙은 관측 결과에 있는 오차의 제곱합을 최소로 만드는 것과 같다. 관측에 오차를 더한 것을 조건방정식 속에 대체해 넣으면 각 조건방정식은 정확해지기 때문이다. 또 만일 우리가 이로부터 오차에 대한 식을 유도하면 그 식의 제곱합을 최소로 만드는 것이 바로 그 규칙이 된다. 이 규칙은 관측 수가 많아질수록 더 정확해진다. 하지만 이리저리 더듬어 찾을 필요 없이 모든 경우에 우리가 원하는 수정을 얻기 위한 간단한 수단을 제공하는 것이라면 설사 관측 수가 적은 경우라 하더라도 같은 방법을 쓰는 것이 당연하다. 또한 이 방법은 같은 천체에 대한 여러 천문표들을 비교하는 데 도움이 될 것이다. 이 표들은 항상 같은 모양으로 되어 있다고 가정할 수 있으며 차이는 단지 시기, 평균 운동, 그리고 인수의 계수에서만 생긴다. 만일 다른 천문표에는 없는 인수가 어떤 표에 들어 있다면 이는 분명 다른 표에서는 그 인수의 계수를 0으로 두었다는 뜻이다. 그런데 만일 좋은 관측들을 가지고 이 표들을 수정한다면 그 표들은 오차의 제곱합이 최소가 되어야 한다는 조건을 만족시킬 것이다. 많은 관측에 바탕을 둔 비교 결과 이 조건을 가장 근접하게 만족시키는 천문표가 가장 좋은 표임에 분명하다.

위에서 설명한 방법이 유효하게 쓰일 곳은 주로 천문학일 것이다. 천문표들이 참으로 놀랄 만큼 정확해진 것은 관측과 이론이 정밀해지고 같은 모수를 수정하기 위해 많은 빼어난 관측 결과를 이용할 때 조건방정식을 이용했기 때문이었다. 하지만 이 수정 결과에 여전히 남아 있을지도 모를 오차의 확률을 정해야 하는데, 이를 위해서는 내가 조금 전에 설명한 방법을 쓰면 된다. 이 방법을 흥미롭게 적용해 보기 위해 여기서는 부바르(A. Bouvard, 1767~1843)가 토성과 목성의 운동에 대해 최근 완성한 방대한 연구를 이용했다. 그 운동에 대해 부바르는 매우 정확한 표를 작성한 바 있다. 그는 그 두 행성의 충(衝)과 구(矩)를 매우 큰 관심을 갖고 다루었는데, 그 문제는 브래들리(J. Bradley, 1693~1762)와 그를 잇는 여러 천문학자들이 오늘날까지 관측한 바 있다. 부바르는 그 행성들의 운동과 태양의 질량을 1이라고 했을 때 행성들의 질량을 나타내는 모수들을 수정한 것을 계산했다. 그는 토성의 질량은 태양 질량의 3,512분의 1이라고 계산했다. 나는 이러한 관측에 나의 확률식을 적용하여 이 결과의 오차가 그 값의 백분의 1이 안 될 승산이 11,000 대 1임을 알게 되었다. 이 결론은 이미 나온 관측에 덧붙여 앞으로 100년간 새로운 관측을 한 후 같은 방식으로 검토해 보면 새로운 결과는 부바르의 결론으로부터 100분의 1 이내의 차이가 날 것이라는 것과 거의 마찬가지다. 이 명석한 천문학자는 목성의 질량이 태양 질량의 1,071분의 1이라고 구했는데, 내가 확률 방법을 적용해 보니 오차가 100분의 1 이내일 승산이 1,000,000 대 1로 나왔다. 또한 이 방법은 측지학에서도 성공적으로 이용할 수 있다. 우리는 지구 표면에 있는 큰 호의 길이를 삼각법을 써서 구하는데, 이 방법은 정확하게 측정한 기준의 영향을 받는다. 그런데 아무리 각도를 정확하게 측정하더라도 오차들이 누적되기 때문에 많은 삼각형들을 가지고 구한 호의 값은 불가피하게 참값과 상당히 다른 값이 된다. 따라서 오차가 어떤 주어진 한계 이내에 있을 확률을 구하지 못하면 우리가 아는 것은 불완전할 따름이다. 측지학 결과에서 생기는 오차는 각 삼각형의 각도를 잴 때 나오는 오차들의 함수다. 내가 언급한 연구에서 나는 확률 법칙을 알고 있는 많은 개별 오차들로 만든 하나 또는 여러 개의 1차함수에 대해 그 값의 확률을 구하는 일반식을 제시했다. 이 식을 써서 우리는 개별 오차의 확률 법칙이 어떤 것이든 상관없이 측지학 결과의 오차가 주어진 한계 내에 있을 확률을 구할 수 있다. 자연에 존재하는 무수히 많은 확률 법칙들을 생각해 볼 때 가장 단순한 법칙도 성립할 가능성이 지극히 낮기 때문에 결과가 이러한 확률 법칙과 무관한 것은 매우 중요하다. 그런데 개별 오차들이 갖는 미지의 확률 법칙들로 인해 미지의 양이 식에 나타나는데, 이것을 제거하지 못한다면 그 식들을 숫자로 표현할 수 없게 된다. 우리는 천문학 문제에서는 각 관측에서 모수를 구할 수 있는 조건방정식이 하나씩 생기므로 각 방정식에 모수의 가장 가능성이 높은 값을 대체해 넣었을 때 나머지의 제곱합을 가지고 이 미지수를 제거할 수 있음을 보았다. 그런데 측지학 문제에서는 그와 유사한 방정식이 없으므로 미지수를 제거할 수 있는 다른 방법을 찾을 필요가 있다. 관측한 각 삼각형의 각의 합에서 두 예각과 구과량(spherical excess)[구면 삼각형의 세 내각의 합과 180도와의 차]을 합한 것을 뺀 값을 이용하는 방법이 그것이다. 따라서 우리는 조건방정식에서 나머지의 제곱합 대신 이 값들의 제곱합을 쓰고 일련의 측지학 연산에서 나온 최종 결과의 오차가 주어진 값을 넘지 않을 확률을 숫자로 나타낼 수 있을 것이다. 그렇다면 각 삼각형의 세 각에 관측한 오차들의 합을 배분하는 최적의 방법은 무엇일까? 확률 해석학에 따르면 측지학 결과의 비중을 가능한 한 크게 하면 같은 오차가 나올 가능성이 작아지므로 오차들을 합한 것의 1/3만큼씩을 모든 각에서 줄여야 한다. 따라서 각 삼각형의 세 각을 관측하고 우리가 말한 것과 같이 수정하면 큰 효과가 있다. 물론 평범한 상식으로도 이런 효과를 생각할 수 있지만 그것을 충분히 활용하고 이 수정에 의해 효과가 최대가 되는 것을 보여주려면 확률론을 이용하는 방법밖에 없다.

큰 호의 값은 그 한쪽 끝으로부터 측정된 기준에 따라 달라지는데, 그 측정이 정확한지 확인하기 위해서는 다른 쪽 끝 방향으로 다른 기준을 측정하여 한 기준선으로부터 다른 기준의 길이를 잰다. 만일 이 길이가 관측한 길이와 아주 조금밖에 차이가 나지 않으면 이 기준들을 연결하는 삼각법이 매우 정확하다고 믿을 이유가 충분하므로 그 결과로 얻는 큰 호의 길이도 정확하다고 믿을 수 있을 것이다. 이 값은 계산된 기준의 길이가 측정한 길이와 일치하도록 삼각형의 각을 고쳐서 다시 수정할 수도 있다. 하지만 그렇게 하는 방법은 무수히 많은데, 그 가운데에서 측지학 결과의 비중이 가장 커지는 방법을 골라야 한다. 왜냐면 그래야 같은 오차가 나올 가능성이 작아지기 때문이다. 확률 해석학은 여러 기준을 측정한 것에서 나오는 최적의 수정을 직접 얻고 여러 기준에서 생기는 확률 법칙 —기준이 여럿이기 때문에 매우 빠르게 감소하는 법칙—을 얻는 식을 제공한다.

일반적으로 많은 관측으로부터 나온 결과의 오차는 각 관측에서 생긴 개별 오차들의 1차함수들이다. 이들 함수에서 계수는 문제의 특성과 그 결과를 얻는 과정에 따라 달라진다. 당연히 다른 방법보다 결과에서 동일한 오차가 나올 가능성이 낮은 방법이 최적의 방법이다. 자연과학에 확률론을 적용하는 것은 이 확률 법칙[오차의 확률]이 가장 빠르게 감소하도록 이 함수 값들의 확률을 해석학적으로 구하고 미지의 계수들을 선택하는 것이다. 식으로부터 거의 항상 알지 못하는 개별 오차의 확률 법칙 때문에 생기는 항을 제거하기 위해 데이터를 이용하면, 결과의 오차가 주어진 값을 넘지 않을 확률을 숫자 값으로 얻는다. 이렇게 해서 우리는 많은 관측에서 나온 결과에 대해 우리가 알고 싶은 모든 것을 알게 된다.

좋은 근사 결과는 또한 다른 방법으로도 얻을 수 있다. 예를 들어 같은 값을 1,001회 측정했다고 해보자. 최적 방법에서 나오는 결과는 이 모든 관측들의 산술평균이다. 하지만 각 값의 편차 절댓값의 합을 최소로 만드는 조건으로부터 결과를 얻을 수도 있다. 실제로 이 조건을 만족시키는 결과를 좋은 근사 결과라고 간주하는 것은 당연해 보인다. 우리가 만일 관측한 것들을 크기 순서로 나열한다면 이 조건을 만족시키는 값은 한복판에 있는 값이며, 이론에 따르면 관측 수가 무수히 많은 경우라면 그 값이 참값과 일치함을 알 수 있다. 그렇지만 최적 방법으로 구한 결과는 여전히 더 선호할 만하다.

지금까지의 논의를 통해 우리는 확률 이론에서는 관측 오차가 분포하는 방식에 있어서 임의적인 것이 아무것도 없음을 알게 되었다. 확률 이론은 오차의 분포를 위해 결과에서 나올지도 모를 오차의 가능성을 가능한 한 최소로 만드는 최적의 식을 제공한다.

확률을 생각하면 관측 오차 속에 숨어 있는 천체 운동의 작은 불규칙성들을 구분하고, 이러한 운동에서 보이는 이상을 발견하는 데 도움이 될 수 있다. 튀코 브라헤(Tycho Bra- he, 1546~1601)는 이 모든 관측 결과들을 다른 관측과 비교하는 과정에서 달에 대해서는 태양과 다른 혹성들에 대해 적용하던 것과는 다른 시간방정식을 적용해야 할 필요가 있음을 알게 되었다. 비슷한 경우로 메이어(J. T. Mayer, 1723~1762) 역시 많은 관측들의 조화 덕분에 달의 세차운동에서 균차의 계수를 조금 줄여야 한다는 것을 알게 되었다. 하지만 메이슨(C. Mason, 1728~

1786)이 확인하고 더 확장시켰음에도 불구하고 이러한 감소가 만유인력 때문에 생기는 것처럼 보이지 않았기 때문에 대부분의 천문학자들은 이것을 계산에서 무시했다. 이 목적을 위해 선택되고 나의 요청에 따라 검토하도록 부바르가 동의한 대단히 많은 달 관측 자료에 확률해석학을 적용했더니, 이러한 감소는 매우 확률이 높은 것처럼 보여서 나는 누군가가 그 원인을 찾아야 한다고 생각하게 되었다. 나는 곧 오로지 당시까지 달 운동 이론에서는 보잘것없는 항을 낳는다고 무시해 왔던 지구의 타원율이 원인일 것임을 알게 되었고, 미분방정식을 계속 연구한 결과 이 항들이 중요한 것이라는 결론을 얻었다. 당시 나는 특수한 해석학을 써서 이 항들을 발견했는데, 무엇보다 달 운동에서 위도의 균차는 달의 경도의 사인함수 값에 비례하는 것을 알게 되었다. 결과는 그때까지 누구도 생각하지 못한 것이었다. 나는 이 균차로부터 달 운동의 경도에는 또 다른 균차가 있으며, 이 균차 때문에 메이어가 달에 적용할 세차운동에서 발견했던 차이가 생긴다는 것을 알게 되었다. 이 차이의 크기와 앞에서 말한 위도 균차의 계수는 지구의 편평도(oblateness)를 구하는 데 매우 적절했다. 내가 얻은 결과를 당시 가장 좋은 관측들과 비교해서 달의 천문표를 개선하느라 분주하던 뷔르크(J. T. Bürg,

1766~1835)에게 알리면서 나는 그에게 특별히 주의해서 이 두 값을 구해달라고 요청했다. 그가 놀라울 정도로 일관된 값으로 구한 지구의 편평도는 1/305이라는 값으로서 자오선과 진자 측정으로 얻은 평균에 비해 거의 차이가 없었다. 하지만 나는 관측 오차의 영향과 이러한 측정 때의 교란 요인들을 감안할 때 이러한 달의 균차를 이용해서 더 정확하게 구해야 한다고 생각했다.

내가 달의 영년방정식(secular equation of moon)이 생기는 원인을 찾게 된 것 역시 확률 덕분이었다. 천문학자들은 달에 대한 최근의 관측과 고대의 월식을 비교한 결과 달의 운동이 가속되고 있음을 알게 되었다. 하지만 특히 라그랑주가 이 운동에서 보이는 섭동에서 이러한 가속에 영향을 미치는 것을 찾다가 실패한 이후 수학자들은 달 운동의 가속을 인정하지 않았다. 고대와 현대의 관측들과 그 사이에 아랍인들이 관측한 월식들을 면밀히 검토한 후 나는 가속이 존재할 확률이 매우 크다는 것을 확신하게 되었다. 그래서 나는 이 지점에서부터 달에 대한 이론 연구에 다시 착수하여 달의 영년방정식은 지구 이심률의 영년 변화와 결합한 이 위성에 대한 태양의 작용 때문임을 발견했다. 이러한 발견에서 나는 다시 교점 운동의 영년방정식과 달 궤도의 계보를 발견하게 되었는데, 이 방정식들은 천문학자들이 생각하지 못했던 것이었다. 이 이론은 고대와 현대 할 것 없이 모든 관측과 놀랄 만큼 일치했으므로 대단한 신뢰를 얻게 되었다.[49]

---

49) (옮긴이 주) 라플라스는 확률론을 연구한 수학자였을 뿐 아니라 우주의 생성에 대해 성운설을 주장하고, 《천체역학》이라는 걸작을 발표하는 등 대단히 뛰어난 천문학자이기도 했다. 여기서 그는 자신의 천문학 연구와 확률 연구가 별개의 것이 아니라 확률 연구 덕분에 많은 천문학 연구 성과를 내게 되었음을 여러 사례를 통해 밝히고 있는데, 내용이 너무 길기 때문에 자연과학에 대한 부분은 여기까지만 번역한다.

10장
인간과학에 대한 확률의 적용

앞에서 우리는 자연현상의 법칙을 찾으려 할 때, 그 현상의 원인들을 모르거나 원인들이 너무 복잡해서 결과에 대한 계산을 할 수 없을 경우에 확률적 분석을 써서 얻게 되는 장점들을 살펴보았다. 그런데 인간에 대한 과학에서 거의 모든 문제들이 바로 그러한 경우다. 드러나지 않거나 뚜렷하지 않으면서 사람들의 제도에 영향을 주는 예상치 못한 원인들이 매우 많기 때문에 그 원인들의 결과를 미리 판단하기는 불가능하다. 우리는 시간에 따라 일어나는 일련의 사건들을 보고 그러한 결과를 알게 되며 해로운 결과에 대해 조치할 방법도 알게 된다. 이러한 측면에서 이따금 현명한 법률들이 제정된 적도 있지만 우리가 그 법률이 제정된 동기를 잊어버린 결과 법률을 쓸모없는 것으로 만들어버렸다. 그런 뒤 나쁜 일이 또 다시 일어나고 나서야 그런 법률의 필요성을 깨닫는 불운한 경험을 거듭해왔다.

따라서 행정의 각 분야에서 사용된 여러 정책 수단의 결과들을 계속해서 정확히 기록하고, 정부가 대규모로 겪게 되는 많은 경험들을 기록하는 것은 매우 중요하다. 정치와 인간의 과학에 대해 관측과 계산에 바탕을 둔 방법을 적용하자. 그 방법은 자연과학에서 무척 성공적으로 쓰인 바 있다. 지식의 진보에 따른 불가피한 결과에 대해 기껏해야 쓸모없고 때로는 위험한 저항을 하지 말자. 대신 단지 극도로 신중하게, 오랫동안 따라왔던 제도와 습관을 바꾸자. 그렇게 바꾼다는 것이 얼마나 어려운 일인가는 우리 모두가 과거의 경험으로부터 잘 안다. 하지만 그것들을 바꿈으로 해서 생기는 해악이 어느 정도인지에 대해서는 아무것도 모른다. 이처럼 변화로 인한 해악에 대해 알지 못하는 상태에서 확률 이론은 모든 변화를 회피하도록 우리를 이끌어준다. 특별히 갑작스러운 변화를 피하는 것이 필요한데, 물리적인 질서에서와 마찬가지로 인간에 대한 질서에서도 그러한 변화가 일어나면 심각한 힘의 손실이 따르기 마련이다.

확률론은 이미 인간에 대한 과학의 여러 주제에 성공적으로 적용된 바 있다. 여기서 그 주요한 결과들을 살펴보자.

11장
증언의 확률에 대해

우리가 가진 의견의 대부분은 증언(혹은 증거)의 확률에 근거를 두고 있기 때문에 그러한 증거에 계산을 적용하는 것은 매우 중요하다. 하지만 실제로 그렇게 하기가 불가능할 때도 종종 있다. 목격자들의 진실성을 추정하기도 어려우며 그들이 주장하는 사실에 수반되는 상황들도 너무 많기 때문이다. 그러나 많은 경우 제기된 문제와 상당히 비슷한 문제를 풀 수 있다. 그 문제의 해결책은 우리를 이끌어줄 만한 적절한 근사치로 간주될 수 있는데, 잘못된 추론을 했을 때 우리가 겪을 오류와 위험을 막아주는 역할을 한다. 세심하게 유도된 것이라면, 이런 종류의 근사치는 가장 그럴듯해 보이는 추론보다 언제나 더 낫다. 이런 근사치를 얻는 일반적인 규칙을 조금 살펴보자.

가령 숫자가 1,000개 들어 있는 항아리에서 숫자를 하나 꺼낸다고 하자. 그 결과를 본 한 증인이 79라는 숫자가 뽑혔다고 말했다면, 뽑힌 숫자가 정말 79일 확률은 얼마일까? 지난 경험으로 볼 때 그 증인은 열 번 중 한 번꼴로 거짓말을 하는 사람이라고 가정한다면 그의 증언이 참일 확률은 9/10가 된다. 여기서 뽑힌 숫자가 79라고 그 사람이 증언했다는 것이 관찰된 사건이다. 그런데 이 사건은 두 가지 가설(증인이 진실을 말했다는 가설, 증인이 거짓말을 했다는 가설)의 결과다. 관찰한 사건이 주어졌을 때 원인의 확률에 대해 우리가 살펴본 원리에 따라 우리는 먼저 각 가설에서 사건의 확률을 미리 결정할 필요가 있다. 첫 번째 가설이 맞는 경우, 즉 증인이 참을 말했다고 할 때, 뽑힌 숫자가 79라고 증인이 말할 확률이란 바로 79가 뽑힐 확률이므로 1/1,000이 된다. 이 확률과 9/10, 즉 증언이 참일 확률을 곱하면, 첫 번째 가설이 참인 동시에 관찰한 사건이 일어날 확률 9/10,000를 얻는다. 두 번째 가설, 즉 증인이 거짓말을 한 경우라면 정말로 뽑힌 숫자는 79가 아닌 다른 수이므로 이 경우의 확률은 999/1,000다. 하지만 뽑힌 숫자가 아닌 나머지 999개 숫자 중에서 증인이 숫자를 택할 때 특별히 어느 숫자를 다른 숫자보다 더 선호할 이유는 없으므로 79라는 숫자를 택할 확률은 1/999이 된다. 이 확률과 앞에서 구한 확률을 곱하면 두 번째 가설에서 증인이 79라는 숫자를 말할 확률은 1/1,000이 된다. 이 확률과 두 번째 가설의 확률, 즉 1/10을 또 곱해야 하므로 두 번째 가설이 옳은 동시에 관측한 사건이 일어날 확률은 1/10,000이 된다. 이제 우리가 구한 두 확률 중 첫 번째를 분자에, 두 확률의 합을 분모에 둔 비를 구하면 제6원리에 의해 첫 번째 가설의 확률이 9/10임을 알 수 있다. 즉 증인이 참말을 할 확률과 같아진다. 따라서 이 값은 정말로 숫자 79가 뽑혔을 확률이다. 증인이 거짓말을 해서 뽑힌 수가 79가 아닐 확률은 1/10이다.[50)]

증인이 일부러 속이려 했다면 실제로 뽑히지 않은 999개 숫자 중에서 그가 특별히 79를 골라야 할 이유가 분명히 있을 것이다. 가령 그가 이 번호가 나올 것이라는 쪽에 많은 돈을 걸었기 때문에 이 숫자가 뽑혔다고 말함으로써 이득을 올릴 것이라 믿고 있다면, 그가 이 번호를 선택할 확률은 더 이상 앞에서처럼 1/999이 아니다. 그 확률은 그가 이 번호를 말함으로써 얻게 될 이득에 따라 1/2, 1/3 등이 될 것이다. 여기서는 그 확률이 1/9이라고 해보자. 이 값을 999/ 1,000에 곱하면 그가 거짓말을 한다는 가설에서 사건의 확률을 구할 수 있고, 그 결과를 1/10에 곱하면 된다. 그렇게 하면 두 번째 가설이 옳은 동시에 사건이 일어날 확률은 111/10,000이 된다. 또 첫 번째 가설, 즉 실제 뽑힌 숫자가 79일 확률은 앞서와 마찬가지 방법으로

---

50) (옮긴이 주) 어려운 내용은 아니지만 조건부확률 기호를 써서 확률을 계산하는 과정을 보려면 Dale, 179~181쪽을 보라.

9/120가 된다. 79가 나왔다고 말함으로써 증인이 얻는 이득을 반영해서 새로 계산한 결과 이 확률은 상당히 작아졌다.

실제로 79라는 숫자가 뽑혔을 때 증인이 참을 말할 확률이 증인의 이득 때문에 9/10보다 높아진다는 것은 옳다. 하지만 이 확률은 1 또는 10/10을 넘을 수 없으므로 숫자 79가 뽑힐 확률은 10/121을 넘을 수 없다. 상식적으로 볼 때 이러한 이익 관계가 개입된다면 불신이 높아질 것인데, 그 영향이 어느 정도일지 정확하게 계산할 수 있다.

증인이 발표할 숫자의 사전 확률은 항아리 속에 든 숫자들의 개수로 1을 나눈 것이다. 이 확률은 증언에 의해서 목격자의 실제 진실성으로 바뀌는데, 증언의 결과 더 작아질 수도 있다. 만일 항아리 속에 단 두 가지 숫자만 들어 있다면 숫자 1이 뽑힐 사전 확률은 1/2이다. 그런데 숫자를 보고 발표할 증인이 진실을 말할 확률이 4/10라면 숫자 1을 뽑을 확률은 줄어든다. 확실히 증인이 진실을 말할 경향보다 거짓을 말할 경향이 분명 더 높기 때문에 그가 발표하는 사실의 확률은, 그 확률이 1/2 이상일 때는 항상 그의 증언으로 인해 더 줄어들어야만 한다. 이번에는 항아리 속 숫자가 세 가지라고 해보자. 진실을 말할 확률이 1/3보다 큰 증인이 1이 뽑혔다고 말하면 숫자 1이 뽑힐 사전 확률은 처음보다 높아진다.

이제 검은 공 999개와 흰 공 한 개가 들어 있는 항아리에서 공 한 개를 꺼냈는데, 그 공을 본 목격자가 꺼낸 공이 흰 공이라고 말했다고 하자. 첫 번째 가설이 참인 동시에 관찰한 사건이 일어날 확률을 사전에 구하면 앞의 문제에서와 마찬가지로 9/10,000가 될 것이다. 하지만 그 목격자가 거짓말을 했다는 가설에서라면 꺼낸 공은 흰 공이 아니고, 이 사건의 확률은 999/1,000다. 이 확률은 거짓말할 확률, 즉 1/10과 곱해야 하므로 두 번째 가설이 옳은 동시에 사건이 일어날 확률은 999/10,000가 되는데, 앞의 문제에서는 이 확률이 단지 1/10,000밖에 되지 않았다. 이렇게 큰 차이가 나는 이유는 검은 공이 뽑힌 경우, 거짓말을 하고 싶은 목격자는 뽑히지 않은 나머지 999개 공 가운데에서 하나를 고르는 것이 아니고, 단 하나밖에 없는 흰 공을 선택할 수밖에 없기 때문이다. 이제 두 확률의 합을 분모로 갖고 각 확률을 분자로 갖는 비를 두 개 구하면, 흰 공이 뽑혔다고 할 때 첫 번째 가설의 확률은 9/1,008가 되고 흰 공이 뽑혔다고 할 때 두 번째 가설의 확률은 999/1,008가 된다. 이 두 번째 확률은 거의 확실성에 가까운데, 만일 항아리 속에 든 공의 수가 1,000,000개인데 그중 단 하나만 흰 공이라면 확실성에 더욱더 가까워져서 999,999/1,000,008가 된다. 이 경우에는 흰 공이 뽑힌다는 사실이 굉장할 정도로 더 놀라운 일이다. 따라서 사실이 일어나기 어려울수록 거짓말의 확률이 어떻게 커지는지 알게 되었다.

지금까지 우리는 목격자가 실수하는 경우는 없다고 가정했는데, 만일 그가 실수도 할 수 있다고 한다면 드문 사건이 일어날 가능성은 더욱 희박해진다. 이제 두 가지 가설 대신 다음과 같은 네 가지 가설이 가능하다고 해보자. 목격자는 속이지도 않고 실수도 전혀 하지 않는다는 가설, 목격자가 속이는 일은 절대 없지만 실수는 할 수 있다는 가설, 목격자가 속일 수는 있지만 실수는 절대 하지 않는다는 가설, 마지막으로 목격자가 속일 수도 있고 실수할 수도 있다는 가설. 각 가설 아래에서 관측 사건의 확률을 사전에 구하는데, 제6원리로부터 목격자가 주장하는 사실이 거짓일 확률은 다음의 비와 같다. 그 비의 분자는 (a) 목격자가 결코 속이지 않지만 실수할 수 있는 확률과 (b) 속이지만 실수는 하지 않는 확률을 합한 것에 항아리 속에 든 검은 공의 수를 곱한 것이다. 그 비의 분모는 (a) 목격자가 속이지도 실수하지도 않을 확률과 (b) 거짓말하고 실수할 확률의 합을 분자에 더한 값이다. 이로부터 만일 항아리 속에 든 검은 공의 수가 매우 크다면(그렇다면 흰 공을 뽑는 것은 희귀한 경우가 된다), 목격자의 주장이 거짓일 확률은 확실성에 매우 가까워진다.

이 결과를 드물게 일어나는 모든 일들에까지 확장하면, 목격자가 실수하거나 거짓말을 할 확률은 그가 주장하는 것이 희귀하면 희귀한 일일수록 더 커진다. 그런데 희귀한 일이 일어나는 것을 보통 일이 일어나는 것과 완전히 유사하다고 보고, 목격자가 이러한 또는 저러한 것을 주장하면 목격자의 주장을 같은 이유에 따라 같은 정도로 신뢰해야 하기 때문에 이와 반대되는 주장을 내놓는 사람도 있었다. 그런 이상한 주장은 단순한 상식만으로도 물리칠 수 있지만 확률 계산을 이용하면 상식적인 판단을 뒷받침하는 한편 희귀한 사실들에 대한 증언이 얼마나 나오기 어려운지 알게 된다.

하지만 그래도 자신들의 주장을 고수하는 사람들이 있다. 믿을 수 있는 정도가 같은 증인이 두 사람 있다고 할 때, 첫 번째 사람은 어떤 사람이 보름 전에 죽었다고 주장하고 두 번째 사람은 어제 그 사람이 원기 왕성하게 살아 있는 것을 보았다고 주장한다고 하자. 두 가지 사실 중 어느 하나가 일어나는 것은 전혀 이상하지 않다. 그런데 두 사실이 모두 일어나려면 죽은 사람이 다시 살아난다는 말이 된다. 하지만 증언들로부터 이러한 결론이 바로 유도

되는 것은 아니다. 그러므로 결론이 이상하다고 해서 이들 증인에 대한 신뢰가 약화될 수는 없다(디드로의 《백과전서》에서 '확실성' 항목을 참조할 것).

그러나 증언을 조합한 결과가 불가능한 것이라면 둘 중 하나는 반드시 틀렸다는 말이 된다. 마치 나오기 어려운 경우의 극단에 해당하는 것이 오류이듯이 이상한 경우의 극단은 불가능한 경우다. 불가능한 증언이 아무 가치가 없는 만큼 이상한 증언의 가치도 상당히 낮을 수밖에 없다. 이는 확률론으로부터 확실해진다.

이에 대해 알아보기 위해 A와 B 두 항아리를 생각해 보자. 한 쪽에는 흰 공이 1,000,000개, 다른 쪽에는 검은 공이 1,000,000개 들어 있다고 하자. 이 항아리들에서 공을 하나 뽑아 다른 쪽 항아리에 넣은 다음 그 항아리에서 공을 하나 뽑는다. 증인 두 사람 중 한 사람은 처음 뽑힌 공을 보고 다른 한 사람은 두 번째 공을 본 다음, 그 공이 어느 항아리에서 나왔는지는 말하지 않고 두 사람 모두 흰 공이 뽑혔다고 증언했다고 하자. 증언 자체로만 본다면 각 증언은 나올 수 없는 것들이 아니며, 각 증인이 주장한 사실의 확률은 바로 각자의 진실성임을 쉽게 알 수 있다. 하지만 두 증언을 결합하면 처음 뽑았을 때 항아리 A에서 흰 공이 나왔고, 이 공을 항아리 B에 넣은 뒤 두 번째 뽑았을 때 다시 그 공이 나와야 하는데 이는 매우 희귀한 일이다. 왜냐하면 두 번째 항아리에는 검은 공 1,000,000개와 흰 공 단 하나가 들어 있었기 때문에 이 흰 공이 뽑힐 확률이란 1/1,000,001이기 때문이다. 두 증인이 주장한 사실의 확률을 알기 위해서는, 뽑힌 흰 공을 보았다는 각자의 주장이 여기서 관측한 사실임을 주목하자. 증인이 진실을 말할 확률을 9/10로 표현해 보자. 그가 진실을 말하는 경우는 증인이 거짓말을 하지도 않고 실수를 하지도 않았을 때 생길 수 있고, 거짓말을 하고 동시에 실수를 해서 생길 수도 있다. 이때 가능한 네 가지 가설은 다음과 같다.

(1) 첫째 증인과 둘째 증인이 모두 진실을 말한 경우. 이때 흰 공은 무엇보다 먼저 항아리 A에서 뽑혔으며 그 확률은 1/2이다. 왜냐하면 처음 뽑을 때 두 항아리 중 하나를 공평하게 골랐기 때문이다. 그런 다음 이 공은 항아리 B로 옮겨졌고 두 번째 공을 뽑을 때 다시 뽑혔다. 이 사건의 확률은 1/1,000,001이므로 증인이 주장한 사실의 확률은 1/2,000,002이 된다. 여기에 두 증인이 진실을 말할 확률 9/10와 9/10를 곱하면 관측 사건과 첫 번째 가설의 결합 확률은 81/200,000,200이 된다.

(2) 첫째 증인은 진실을 말했지만 두 번째 증인은 그렇지 않은 경우. 이 경우 두 번째 증인은 거짓말을 했지만 실

수를 하지는 않았거나 거짓말을 하지 않았지만 실수를 했다. 이 경우는 처음 공은 항아리 A에서 뽑혔고, 그 사건의 확률은 1/2이다. 그다음 이 공은 항아리 B로 옮겨졌고 두 번째 공은 검은 공이 뽑혔다. 이 사건의 확률은 1,000,000/1,000,001이다. 그리고 두 복합사건의 확률은 1,000,000/2,000,002이다. 여기에 첫째 증인이 진실을 말할 확률 9/10와 둘째 증인이 그렇지 않을 확률 1/10을 곱하면 관측 사건과 두 번째 가설의 결합 확률은 9,000,000/200,000,200이 된다.

(3) 첫째 증인은 진실을 말하지 않고 둘째 증인은 진실을 말한 경우. 첫 번째 공은 항아리 B에서 나온 검은 공이며, 이 공이 항아리 A로 옮겨진 뒤 이 항아리에서 흰 공이 뽑혔다. 첫 번째 공을 뽑을 때 항아리 B가 선택될 확률은 1/2, 두 번째 공이 흰 공일 확률은 1,000,000/1,000,001이다. 따라서 두 복합사건의 확률은 1,000,000/2,000,002이다. 여기에 첫째 증인이 진실을 말하지 않을 확률 1/10과 둘째 증인이 진실을 말할 확률 9/10를 곱하면 관측 사건과 세 번째 가설의 결합 확률은 9,000,000/200,000,200이 된다.

(4) 마지막으로 두 증인 모두 진실을 말하지 않았을 경우. 이 경우에는 항아리 B에서 검은 공을 먼저 뽑아 항아

리 A로 옮긴 다음 그 공이 다시 뽑혀야 한다. 복합사건의 확률은 1/200,000,002이고, 이 값에 두 사람 모두 진실을 말하지 않을 확률 1/10과 1/10을 곱하면 관측 사건과 네 번째 가설의 결합 확률은 1/200,000,200이 된다.

이제 두 차례 공을 뽑을 때마다 흰 공이 나왔다는 증언의 확률을 구하려면 관측 사건과 네 가설의 결합 확률들을 합한 값으로 관측 사건과 첫 번째 가설의 결합 확률을 나누어주면 된다. 그 값은 81/18,000,082로서 극단적으로 작은 값이다.

이제 첫 번째 증인이 흰 공이 항아리 A와 B 둘 중 어느 곳에서 나왔는지 확실히 알려주고, 두 번째 증인도 마찬가지로 항아리 A′와 B′ 중 어느 곳에서 흰 공이 나왔는지 확실히 알려주었다고 해보자. 이때 항아리 A′와 B′는 모든 면에서 처음 두 항아리와 비슷한 항아리들이다. 그러면 두 증인이 주장한 사실의 확률은 그들이 하는 증언의 확률을 곱한 값, 즉 81/100이 된다. 따라서 이 값은 적어도 앞에서 구한 확률보다 180,000배 더 크다. 이로부터 우리는 앞의 경우 처음 뽑힌 흰 공이 두 번째 뽑을 때 다시 나와야 한다는 것(두 증언에서 나올 수 있는 매우 드문 결과) 때문에 확률이 얼마나 작아졌는지 알 수 있다.

어떤 사람이 동전을 공중에 100번 던졌더니 100번 모두 같은 면이 나왔다고 말한다면 우리는 그 증언을 전혀 믿지 않을 것이다. 그런데 우리가 만일 그 사건을 목격했다고 하자. 이런 경우 우리는 모든 상황을 빈틈없이 조사한 다음 그 사건이 환각이나 공상이 아님을 다른 사람이 확인하고 나서야 그 사건을 믿을 것이다. 모든 조사를 다 해보고 난 뒤에는 그 결과가 사람 눈의 법칙을 뒤집어엎는 것이라고 설명하고픈 유혹에 넘어가는 대신, 그 사건이 매우 일어나기 어려운 사건이지만 주저 없이 그 주장을 진실이라고 인정할 것이다. 이로부터 우리는 자연법칙이 항상 변하지 않을 확률은 관심 대상인 어떤 사건이 실제로 일어나지 않았을 확률(이 확률 자체는 우리가 의심할 수 없다고 여기는 대부분의 역사적 사건이 갖는 확률보다 크다)보다 크다는 결론을 내려야만 한다. 이로부터 우리는 자연법칙을 부정하려면 얼마나 큰 증거가 필요한지, 그런 경우 통상적인 비판 규칙을 적용하는 것이 얼마나 비정상적인지 어림할 수 있을 것이다. 자연법칙에 어긋나는 사건을 보았다는 보고를 바탕으로 어떤 주장을 내세우려는 사람들이 이처럼 충분히 많은 증거를 제시하지 않는다면, 그들은 누구든지 자신들이 퍼뜨리려는 믿음을 강화시키기보다는 약화시킨다. 왜냐하면 그와 같은 보고서는 쓴 사람들이 거짓말을 하거나 실수했을 가능성이 매우 높다는 것을 드러내주기 때문이다. 그런데 식견이 있는 사람한테는 믿음을 줄이는 역할을 하는 것이 항상 괴이한 것을 붙잡으려는 오합지중한테는 종종 믿음을 높여주는 역할을 한다.

어떤 것들은 너무나 특이해서 그것들이 거의 일어날 수 없는 사건임을 잊게 한다. 널리 퍼진 생각들에 따라 그것들이 거의 일어날 수 없는 정도는 증거의 확률이 될 수 있을 법한 정도보다 더 작아진다. 그리고 이 의견이 변하면, 터무니없는 보고가 나와서 그 시대에 유일하게 인정된 다음 그 극단적인 대중의 의견이 그다음 세대 최상의 인물들에게까지 영향을 미친다는 것을 새롭게 증명해 줄 뿐이다. 루이 14세 시절의 두 위대한 인물 라신(J. B. Racine, 1639~1699)과 파스칼이 멋진 사례가 된다. 라신은 인간의 정신을 훌륭하게 그려낸 작가이자 지금껏 어떤 사람보다 완벽한 시를 쓴 인물이다. 그런 라신이 파스칼의 조카딸이자 포르루아얄 수도원에 머물던 어린 페리에(M. Périer, 1646~1733)가 치유된 것을 두고 기적이라고 자신만만하게 보고한 것을 보면 우리는 비탄에 빠질 지경이다. 또 당시 예수회 사람들로부터 박해받고 있던 파스칼이 이 기적은 종교에 필요한 것임을 증명하고, 그 수도원 수녀들의 주장을 옹호하기 위해 애쓴 것을 읽으면 고통스럽다. 3

~4년간 어린 페리에는 불치의 눈병으로 고통 받았다. 그런데 우리 구세주의 가시관에 있던 가시 중 하나라고 사람들이 주장하는 어떤 유물을 아픈 눈에 댔더니 그녀는 순식간에 나아버렸다—또는 나았다고 그녀가 주장했다. 며칠 후 내·외과 의사들이 와서 그녀가 의심할 바 없이 나았으며, 그녀를 치료하기 위해 어떠한 자연적·의학적 조치도 없었음을 확인했다. 1656년에 있었던 이 사건은 대단한 소동을 일으켰다. 라신의 표현에 따르면 "파리 전체가 포르루아얄로 모여들었다. 군중들은 나날이 불어났고, 그 교회에서 일어나는 빛나는 기적의 횟수는 하느님 자신이 인간들의 헌신적인 신앙심을 기꺼이 허락하고 있음을 보여주는 듯했다". 당시 기적과 마술은 일어나기 어려운(또는 가능성이 낮은) 것이 아니었고, 그런 사건을 기적 말고는 어떤 이유로도 설명할 수 없는 독특한 자연현상을 기적이라고 일컫는 데 아무런 주저도 없었다.

이러한 방식으로 비상한 결과들을 나타낸 것은 루이 14세 시대 가장 뛰어난 작품 대부분에서 볼 수 있다. 심지어 철학자 로크(J. Locke, 1632~1704)의 《인간 오성론》에서도 동의의 정도를 말하면서 "비록 보통의 경험과 일상적인 일의 순서들이 당연히 사람들이 믿어야 할지 아닐지 결정하는 데 큰 영향을 준다. 하지만 어떤 사실이 낯설다는 것이 그 사실에 대한 정당한 증언에 덜 동의하도록 하는 경우가 하나 있다. 자연의 진행을 변경시킬 힘을 가진 신의 뜻으로 돌려야 마땅할 초자연적 사건들이 일어나는 경우가 그것이다. 그러한 상황에서는 그 사건들이 통상적인 관측을 초월하거나 거스르는 정도가 높을수록 믿음을 불러일으키는 데 더욱 적합하다"고 했다. 주로 이성 덕분에 진보할 수 있었던 철학자들이 증언의 확률에 대한 참된 원리를 이처럼 잘못 이해했기 때문에, 나는 이 중요한 사항에 대한 계산 결과를 상세히 보여주는 것이 필요하다고 생각한다.[51)]

---

51) (옮긴이 주) 수학적인 확률 이론이 발달하면서 재판에서의 증언, 역사적인 사실, 성경 내용 등의 신빙성을 합리적으로 평가하는 데 확률을 활용하려는 시도들이 이어졌다. 특히 '기적'을 확률과 관련지어 생각한 사람 가운데 대표적인 인물은 영국의 흄(D. Hume)이었다. 17세기 말 로크와 라이프니츠에서부터 베르누이 일가, 존 크레이그, 몽모르, 흄, 리처드 프라이스 등 여러 철학자, 수학자들을 거쳐 19세기의 라플라스와 푸아송에 이르기까지 증언, 기적에 관련된 확률의 역사를 보려면 Daston, L., 《Classical Probability in the En- lightenment》(Princeton University Press, 1989) 가운데 306~342쪽을 보라. 또한 역사가가 아닌 통계학자가 기도의 효험, 종교적인 기적 등에 대해 짧게 쓴 것으로는 Kruskal, W., 〈Miracles and Statistics: The Casual Assumption of Independence〉 《Journal of the American Statistical Association》(vol. 83, 1988), 929~940쪽을 보라.

이런 맥락에서, 영국 수학자 크레이그(J. Craig, 1663~1731)가 인용한 바 있는 파스칼의 유명한 주장에 대한 논의가 자연스레 나온다.[52] 어떤 사람들은 자기들은 그 주장을 신의 권위 자체에 대한 것으로 받아들인다고 증언한다. 즉 사람이 어떤 행동을 하면 단지 자신과 그 자식들까지만 행복으로 가득한 생을 사는 것이 아니라 영원한 복락을 누릴 수 있다는 것이다. 만일 그 증언의 확률이 무한히 작지만 않다면, 아무리 작다 하더라도 그 정해진 행동을 하는 사람이 얻을 이득이 무한하다는 것이 명확하다. 왜냐하면 이득은 확률 곱하기 그 행동의 결과이기 때문이다. 따라서 우리는 조금도 주저하지 말고 그 이득을 붙잡

---

52) (옮긴이 주) 뉴턴과 같은 시대에 활동한 스코틀랜드의 수학자였던 크레이그는 수학 연구보다는 1699년에 출판한 《기독교 신학의 수학적 원리(Mathematical Principles of Christian Theology)》에서 기록이나 증언을 토대로 역사적인 사건에 대한 확률을 계산하여 예수의 재림 시기를 구한 것으로 유명한 인물이다. 그의 주장은 후세 사람들로부터 헛소리에 지나지 않는 것으로 평가되었지만, 다음 글에서 볼 수 있듯 통계학의 역사에서 크레이그를 재조명한 흥미로운 연구도 있다. Stigler, S. M., 〈John Craig and the Probability of History: from the Death of Christ to the Birth of Laplace〉《Journal of the American Statistical Association》(vol. 81, 1986), 879~887쪽. 또한 이 글은 S. M. Stigler, 《Statistics on the Table》(Harvard University Press, 1999)에도 실려 있다.

아야 한다.

이 주장의 바탕은 신의 이름으로 된 증언에 따라 약속된 영원한 행복에 있다. 사람들이 그들이 시키는 대로 따른다면 그 이유는 오로지 그들이 모든 한계를 초월하여 과장된 약속, 즉 상식에 어긋나는 추론을 하기 때문이다. 게다가 확률론에 따르면 바로 이러한 과장 때문에 그들이 하는 증언의 확률은 작아지거나 심지어는 0이 되어버린다는 것을 알 수 있다. 게다가 이 경우는 아주 많은 숫자가 들어 있는 항아리에서 뽑은 수를 발표한다고 할 때 그 발표 결과에 대해 날카로운 이해관계를 가진 증인이 가장 큰 수를 뽑았다고 발표하는 경우와 마찬가지다. 우리는 앞에서 이미 그의 이해관계가 그의 증언을 얼마나 약화시키는지 보았다. 우리가 그가 거짓말을 할 때 증인이 가장 큰 수를 뽑을 확률을 1/2로 둔다면 계산 결과 그의 발표가 참일 확률은 다음 분수보다 더 작아진다. 분자는 1, 그리고 [(항아리에 든 숫자의 수) 곱하기 {거짓말할 사전 확률(또는 발표와 무관하게 거짓말할 확률)}의 절반+1]을 분모로 갖는 분수. 이 결과를 파스칼의 주장과 비교해 보자. 이를 위해서는 행복한 생의 길이를 항아리 속에 든 숫자의 개수로 생각하면 그 숫자는 무한이 되며, 그 증인이 거짓말을 한다면 그들의 거짓말에 권위를 부여하기 위해 영원한 행복을 약속하는 데에 가장 큰 이익이 달려 있다고 생각해 보기만 하면 된다. 그들의 증언이 참일 확률은 무한히 작아진다. 우리가 그 확률과 약속된 무한히 긴 행복한 생을 곱하면 이 약속에 근거를 둔 이득을 나타내는 곱에서 무한이 사라져버린다. 이제 파스칼의 주장은 반박되었다.[53)]

이제 어느 특정한 현실적 사건에 대한 여러 증언을 결합한 것의 확률을 생각해 보자. 숫자가 100개 들어 있는 항아리에서 하나를 뽑았을 때 두 증인이 모두 그 숫자가 2라고 했다고 하자. 두 사람의 증언을 결합한 것의 확률은 무엇일까? 가설은 두 증인이 사실을 말하거나 거짓말을 했다는 두 가지로 세울 수 있겠다. 먼저 사실을 말했다고 해보자. 그렇다면 뽑힌 숫자는 2가 되고, 그 확률은 1/100이다. 각 증인의 진실성을 9/10, 7/10이라고 한다면 이 두 숫자를 곱한 것을 1/100에 곱해야 한다. 그 결과 관측한

---

53) (옮긴이 주) 여기서 라플라스가 문제 삼는 것은 파스칼의 《팡세》에 나오는 신의 존재를 증명하는 부분을 말한다. 파스칼의 주장은 대략 다음과 같다. "신의 존재는 이성으로는 알 수 없으므로 우리는 동전을 굴리는 도박을 할 수밖에 없다. 그런데 신이 존재할 것이라는 쪽에 걸었다가 정말 신이 존재한다면 무한한 상을 받을 수 있고, 설사 존재하지 않는다 할지라도 잃을 것은 아무것도 없다. 따라서 이 도박에서 우리는 망설임 없이 신이 존재한다는 쪽에 걸어야 한다"[파스칼, 《팡세》(이환 옮김, 민음사, 2003), 179~185쪽].

사건과 가설의 결합 확률은 63/10,000이 된다. 이번에는 두 번째 가설, 즉 두 증인이 거짓말을 했다고 한다면 뽑힌 숫자는 2가 아니며, 그 확률은 99/100다. 그런데 두 증인은 거짓말을 하기 위해 99개 숫자 가운데에서 똑같이 2를 골랐고, 두 사람이 은밀히 약속하지 않았다면 그 확률은 1/99의 제곱일 것이다. 이제 이 두 확률을 곱하고 거기에 1/10과 3/10을 곱하면 관측 사건과 두 번째 가설의 결합 확률은 1/330,000이 된다. 이 두 결합 확률을 더한 것으로 첫 번째 결합 확률을 나누어주면 처음에 주장한 사건, 즉 2라는 숫자가 나왔을 확률을 얻는다. 그 확률은 2,079/2,080가 되며, 2라는 숫자가 나오지 않았을 확률은 1/2,080이 된다.

그런데 만일 항아리에 든 숫자가 1과 2뿐이라면 마찬가지 방법으로 2가 뽑혔을 확률은 21/22이 되므로, 결국 증인이 거짓말을 했을 확률은 1/22이 되어 앞에서 구한 확률보다 적어도 94배나 크다. 이로부터 우리는 증인이 주장한 사건 그 자체가 덜 일어나는 사건이라면 증인이 거짓말을 할 확률이 얼마나 줄어드는지 알 수 있다. 게다가 우리가 여기서 가정했듯이 적어도 두 사람이 공모하지 않는 한, 두 증인이 거짓말을 할 때 두 사람이 같은 증언을 하는 것은 더 어려워짐을 알 수 있다.

여기서 항아리에 숫자가 두 가지만 들어 있는 경우라면, 증언한 사실의 사전 확률은 1/2이다. 증언이 옳을 확률은 {(1/2에 증인의 진실성을 곱한 것)과 (1/2에 증인이 거짓말할 확률을 곱한 것)을 더한 값}을 가지고 (1/2에 증인의 진실성을 곱한 것)을 나눈 것이다.

이제 남은 것은 전통적인 연쇄적 증언이 말하는 사실의 확률에 시간이 미치는 영향을 알아보는 것이다. 그 연쇄의 길이가 늘어나는 데 비례해서 그 확률이 작아지는 것은 분명하다. 예컨대 무한히 많은 숫자가 들어 있는 항아리에서 숫자 하나를 고르는 경우처럼 만일 그 사실이 그 자체로는 아무 확률도 갖지 않는 경우를 생각해 보자. 증인들의 진실성을 계속 곱해나감에 따라 그 증언이 얻는 확률은 계속 줄어들 것이다. 이번에는 그 사실이 자체로 확률을 갖는다고 해보자. 가령 유한한 개수의 숫자가 든 항아리에서 2를 뽑는 사건을 생각해 보자. 이 경우 전통적인 연쇄가 확률에 미치는 영향은 항이 곱해지면서 줄어든다. 그 첫째 항은 (항아리에 든 숫자의 개수 -1)과 그 자신과의 비이고, 다른 항들은 차례로 (그가 거짓말을 할 확률)과 (항아리에 든 숫자의 개수 -1)의 비만큼 각 증인의 진실성이 줄어든 값이다. 따라서 사건의 확률의 극한값은 그 사건의 사전 확률(또는 증언과 독립인 확률), 즉 1을 항아리

속 숫자의 수로 나눈 값이다.

따라서 시간의 진행은 마치 가장 오래된 기념비를 바꾸듯 역사적 사건들의 확률을 연속적으로 감소시킨다. 사실 증언과 증언을 뒷받침하는 기념비들을 늘리고 보존함으로써 그러한 감소 작용을 지연시킬 수도 있다. 비록 고대인들에게는 해당되지 않지만 인쇄는 이런 면에서 큰 도움이 된다. 비록 무수한 이득을 가져오기도 하지만, 이 세상에 고통을 주는 물리적 · 사회적 혁명들은 불가피한 시간의 효과와 결합하여 오늘날 가장 확실한 것으로 간주되는 역사적 사실들이 있었던 수천 년 세월을 의심함으로써 마무리될 것이다.

크레이그는 기독교의 증거가 점점 약해지는 것을 계산하기도 했다. 그는 기독교가 가망 없게 되면 이 세상도 종말에 다다라야만 한다고 가정하고, 그가 그 글을 쓰고 있는 때부터 1,454년 뒤에 그 일이 일어날 것임을 알게 되었다. 그의 분석은 지구가 지속할 기간에 대한 가설과 마찬가지로 잘못된 것이었다.

12장
집회에서의 선택과 결정에 대해

집회[또는 의회]에서 이루어지는 결정의 확률은 투표하는 사람 중 다수가 어느 편인지에 달려 있으며, 또한 집회의 구성원들이 어느 정도 지식을 갖고 있는지, 그리고 공평무사한지에 달려 있다. 종종 많은 개인적인 감정과 특별한 이해가 결정에 영향을 미치기 때문에 이 확률을 계산하기가 불가능해진다. 그러나 단순한 상식에서 나오고 수학에 의해 확증되는 보편적인 결과들도 없지 않아 있다. 가령 집회의 구성원들이 결정할 주제에 대해 제대로 알지 못하는 경우도 있겠고, 그 주제가 세밀하게 고려해야만 할 경우도 있겠으며, 그렇게 고려한 결과 진실이 통념상의 편견과 상반될 경우도 있을 텐데, 그런 경우라면 각 투표자가 잘못 판단할 가능성이 절반을 넘을 수도 있다. 이럴 때에는 다수의 결정이 옳지 않을 수 있으며, 모임의 규모가 커질수록 이런 잘못된 결과에 대한 두려움은 커진다. 그러므로 공공의 복리를 위해서 집회에서는 가능한 한 많은 사람들이 이해하고 있는 문제에 대해서만 결정해야 한다는 것이 중요하다. 그리고 또한 정보를 널리 알리고 퍼뜨리는 것 역시 중요하다. 또 이성과 경험에 바탕을 둔 좋은 행위로써 동료들의 운명을 결정짓거나 그들을 다스리게 된 사람을 계몽시켜야 한다. 그리고 잘못된 판단과 무지로 인한 편견에 대해 미리 경고해 두어야 한다. 학자들은 종종 우리가 첫인상에 속아 넘어가기 쉬우며, 진리를 볼 가망성이 항상 높은 것은 아니라고 말해왔다.

사람들의 의견이 다양할 때에는 전체 모임의 목소리를 분간하거나 정의하기조차도 어렵다. 이를 위해 두 가지 흔한 경우, 즉 여러 후보자들 중에서 사람을 뽑는 것과 어떤 문제에 관한 여러 제안 중에서 하나를 선택하는 경우를 가지고 몇 가지 규칙을 정해보자.

집회에서 어떤 하나 혹은 같은 종류의 여러 자리에 지원한 후보자들 중에서 선택을 해야 할 때, 가장 간단한 방법은 각 투표자로 하여금 그가 생각하기에 장점을 가진 후보자부터 순서대로 모든 후보자의 이름을 투표용지에 열거하도록 하는 것이다. 만일 투표자가 성실성을 기준으로 후보자를 나열했다면 투표용지에는 후보자들을 서로 비교할 수 있는 선거 결과가 나올 것이며, 새로 선거를 한다 하더라도 더 이상의 정보는 나오지 않을 것이다. 이제 문제는 투표지에 나타난 후보자들의 선호 순서에 대해 추론하는 것이다. 각 투표자가 무수히 많은 공이 들어 있는 항아리를 하나씩 받았다고 해보자. 그 항아리를 가지고 그는 아무리 상세한 것이라 할지라도 후보자들에 대해 장점의 모든 등급을 나타낼 수 있다. 나아가 그는 각 후보자의 장점에 비례하는 수만큼 공을 뽑는데, 그 숫자를 투표용지의 각 후보자 이름 옆에 기록한다고 하자. 투표용지에 있는 이 숫자들을 다 더하여 가장 높은 값을 얻은 후보가 그 모임이 가장 선호하는 사람임을 알 수 있다. 더욱이 보편적으로 후보자들의 선호 순서가 그 합의 순서가 되는 것도 분명하다. 하지만 투표용지로는 각 투표자가 후보에게 공을 몇 개씩 주었는지 알 수 없다. 투표용지는 단지 첫 번째 사람이 두 번째 사람보다 얻은 공이 많고, 두 번째 사람은 세 번째 사람보다 얻은 공이 많다는 것만 알 수 있다. 그렇다면 여기서 첫 번째 후보자가 어느 투표용지에 적힌 아무 숫자에 해당하는 공을 받았다고 해보자. 앞의 조건을 만족하면 그보다 작은 수들의 어떤 조합이든 똑같이 허용되며, 각 후보가 받는 공의 수는 각 조합에서 그에게 주어지는 숫자들을 합한 것을 조합의 총수로 나누어주면 얻을 수 있다. 매우 간단한 분석을 통해 투표용지에서 가장 마지막 바로 위에 있는 이름, 또 바로 그 위에 있는 이름 등등의 옆에 적힌 숫자는 등차수열 1, 2, 3, …의 항에 비례함을 알 수 있다. 결국 이 수열의 항들을 투표용지 위에 같은 식으로 쓰고, 이 투표용지에 있는 각 후보자의 항들을 더하면 우리는 여러 합들의 크기가 후보자들 사이의 선호도 순서를 나타냄을 알 수 있다. 이것이 확률 이론에서 나온 선출 과정이다. 각 투표자가 자신의 투표용지에 후보자들이 가진 장점의 순서대로 이름을 쓴다면 의심할 바 없이 더 좋을 것이다. 하지만 장점과 관계없는 많은 것들과 특별한 이해관계를 고려하다 보면 이러한 순서가 제대로 나타나지 않는다. 가장 선호되는 후보자일 수도 있는 사람이 도리어 꼴찌 자리를 차지할 수도 있는 것이다. 평범한 장점을 가진 후보자가 지나칠 정도로 유리해지는 것은 이 때문이다. 따라서 이러한 선출 절차를 채택했던 단체들 중에는 이와 같은 경험을 한 뒤에 이 방법을 폐지한 경우도 있었다.

절대 다수에 의한 선출은 그 다수가 거부한 후보자는 그 누구도 받아들이지 않는 확실성과 모임이 원하는 바를 가장 많이 반영하는 장점을 결합한 것이다. 만일 후보자가 둘이라면 이 방법은 언제나 앞의 방법과 결과가 같다. 그뿐 아니라 이 방법을 쓰면 선거가 끝없이 지속되는 불편을 면할 도리가 없게 된다. 하지만 경험으로 볼 때 이런 불편은 없으며, 다들 선거를 끝내고 싶어 하면 투표자들이 곧 다수로 결합하여 한 후보자를 택하게 된다.

같은 문제에 관한 여러 제안 가운데에서 선택하는 것은 여러 후보자 가운데에서 사람을 뽑는 것과 같은 규칙을 따라야 할 것처럼 보인다. 그러나 그 두 경우 사이에는 차이가 있다. 즉 한 후보자의 장점은 그와 경쟁 관계에 있는 사람의 장점일 수도 있다. 서로 상충하는 제안들 가운데에서 골라야 하는 경우라면 한 제안에서 사실인 것은 나머지 다른 제안에서는 그렇지 않다. 여기에 이 문제를 생각하는 법이 있다.

각 투표자에게 무한히 많은 공이 든 항아리를 하나씩 주고 그가 각 제안에 대해 매기는 확률에 비례하여 각 제안에 공을 배분한다고 하자. 전체 공의 수는 확실성을 뜻하고, 투표자는 가정에 따라 어떤 하나의 제안은 참이라는 것을 확신하고 있기 때문에, 그는 분명 제안들에 대해 모든 공을 남김없이 나눌 것이다. 이때 문제는 투표용지 맨 위에 있는 제안에는 두 번째에 있는 제안보다 더 많이, 그리고 두 번째 제안에는 세 번째 제안보다 더 많이 공을 배분하는 조합을 결정하는 것이다. 여러 조합에 따라 각 제안에 배분된 공의 합계를 내고 그 합계를 조합의 수로 나누어주면, 그 몫은 어떤 한 투표용지에 있는 제안에 할당되어야 할 공의 수가 된다. 이제 정해야 할 것은 어떤 투표에서 마땅히 각 제안에 돌아가야 할 공의 수다. 분석을 통해 가장 아래에 있는 제안에서 시작하여 가장 위에 있는 제안까지 계산하면 그 몫들은 다음 값들과 서로 같은 비를 이룬다는 것을 알 수 있다. (1) 제안의 수(n이라 두자) 분의 1 (2) $\frac{1}{n}+\frac{1}{n-1}$, (3) $\frac{1}{n}+\frac{1}{n-1}+\frac{1}{n-2}$ … 이 값들은 그다음 각 투표용지 위의 해당 제안 다음에 적는다. 그다음 모든 투표용지 위에 있는 각 후보들에 대해 그 값을 더하면 합계로부터 그 제안에 대한 그 모임의 선호도를 알 수 있다.

이제 정해진 몇 해에 걸쳐 나라의 의회에서 의원을 모두 바꾸는 개선(改選, re-election)에 대해 한마디 하자. 개선은 단 한 번 만에 하는 것이 나을까, 아니면 정해진 몇 해 동안 골고루 하는 것이 나을까? 만일 몇 해에 걸쳐 개선이 이루어진다면 의회는 그 개선 기간 동안에 지배적인 다양한 의견의 영향을 받아 구성될 것이다. 그 시기에 지배적인 의견은 아마 이러한 모든 의견들의 평균일 것이다. 그렇게 해서 의회는 의원 선거를 의회가 대표하는 지역의 모든 부분에까지 확장했을 때에 얻는 것과 마찬가지 이득을 얻게 될 것이다. 이제, 만일 우리가 경험으로부터 배운 것을 정말 명확하게 생각해 본다면, 즉 선거는 항상 지배 의견 쪽으로 항상 가장 강력하게 편향되어 있다고 생각한다면, 우리는 의원들을 부분적으로만 교체함으로써 다양한 의견을 서로 조화시키는 것이 매우 유용하다는 것을 알게 될 것이다.

13장
재판에서의 확률에 대해

분석을 통해 우리는 간단한 상식이 가르치는 것, 즉 재판관이 많을수록, 그리고 그들이 사리에 밝을수록 그만큼 판결이 공정해진다는 것을 잘 알 수 있다. 따라서 항소법원이 이와 같은 두 가지 조건을 만족시키는 것은 중요하다. 관할 아래에 있는 사람들과 더 밀접한 관계인 제1심 하급법원이 최초의 재판을 하므로 항소법원은 그 결과를 이용할 수 있다. 짐작건대 1심 법원에서 이미 공정하게 판결을 하므로 사람들은 타협이 이루어지든 자신의 주장을 포기하든 종종 그 재판에 만족한다. 하지만 소송 결과가 불투명한 어떤 소송이 중요한 소송이라면 소송당사자는 항소법원으로 갈 것이다. 그렇게 되면 새로운 재판 절차 때문에 감수해야 할 문제와 비용을 대가로 치르는 만큼 그 당사자는 공정한 판결을 받을 확률이 더 높아지고, 그에 따라 자신의 재산이 더욱 잘 보호받아야 마땅하다고 믿을 것이다.[54] 현(縣)의 법정으로부터 쌍방이 항소하는 제도

---

54) (Dale, 189~190쪽) 대혁명 이후 프랑스 국민의회(Constitutional

에서는 이런 일이 일어나지 않으므로 그러한 제도는 시민들의 이해관계에 대해 매우 편파적이다. 항소법원에서는 적어도 둘 이상의 재판관 중 다수의 결정으로 하급법원의 판결을 뒤집을 수 있도록 만드는 것이 보다 적절하고 확률 계산과도 부합한다. 그런데 항소법원의 재판관이 짝수로 되어 있을 경우 재판관들의 의견이 꼭 반반씩이라면 판결할 수 없게 된다.

여기서 나는 특별히 형사사건 재판을 다룰 것이다.

재판관들이 피의자에게 유죄판결을 내리려면 그의 죄를 입증할 더할 나위 없는 증거가 필요하다는 것은 당연하다. 하지만 증거가 개연적인 것이라면 그 증거가 유죄를 입증할 확률이 있을 뿐이다. 경험에 따르면, 너무나 분명하게 가장 올바른 것처럼 보이는 판결이라 할지라도 형사재판의 판결에 오류가 있지나 않은지 여전히 의심스럽다.

Assem- bly)에서는 2심제로 사법행정을 재조직했다. 하급심으로 읍, 면 단위에 치안판사(judge de paix)를 두어 판결도 하고 소송 쌍방을 중재하도록 했으며, 군 단위에는 다섯 명의 재판관으로 구성되는 민사법원(tribunal civil)을 두었다. 이 두 가지로 사법 조직이 완성되었는데, 예외로 사실심이 아닌 법률심만 담당하는 최고법원으로 파기법원(Cour de cassation)을 두었다. 형사재판의 경우 각 현에 배심원의 도움을 받아 판결을 하는 법원을 두었으며, 경범죄를 다루는 경범죄법원(tribunal correctionnel)도 두었다.

사형 폐지를 원하는 철학자들의 가장 강력한 주장이 바로 이러한 잘못된 결정을 내리고 나면 다시 벌충할 기회가 없다는 것이다. 따라서 우리가 (개연적인 확실성 대신) 수학적인 확실성을 원한다면 아예 판결을 하지 말아야 할지도 모른다. 하지만 재판을 해야 하는 이유는 범죄가 있는데도 처벌하지 않았을 때 나타날 위험 때문이다. 이러한 재판은, 내가 잘못 알고 있는 것이 아니라면, 다음 질문에 대한 답에 해당한다. 기소된 사람의 범죄행위가 재판에서 입증되었다면 정말 그가 범죄를 저질렀을 확률이 충분히 높은가? 그 확률이 높아야만 시민들은 죄가 없는 사람이 피의자가 되어 잘못된 재판으로 처벌받는 것을 우려하기보다는, 정말 죄를 저지른 피의자가 무죄판결을 받아 다시 죄를 범하거나 모방 범죄를 유발하는 것을 더 두려워하게 된다. 위의 질문에 대한 답은 확인하기 매우 어려운 몇몇 원리들에 달려 있는데, 먼저 형사 피의자를 처벌하지 않았을 때 사회를 위협할 위험이 현저한지 확인하기가 어렵다는 것이 문제다. 때로는 그 위험이 죄 없는 사람을 보호하기 위해 사려 깊게 마련해 둔 절차들을 치안판사가 유예할 정도로 대단할 때도 있다. 하지만 논란이 되는 질문을 풀 수 없는 거의 모든 경우란, 범죄의 확률을 정확하게 추정하기가 불가능하여 피의자에게 유죄판결을 내리는 데 필요한 확률을 결정하기가 불가능한 경우다. 이런 면에서 각 재판관은 그 자신의 느낌에 의존할 수밖에 없다. 그는 여러 증언과 범죄가 일어난 여러 상황들을 그의 경험과 심사숙고해서 얻은 결과와 비교하여 재판관 자신의 의견을 만든다. 그러므로 피의자를 심문하고 재판해 온 오랜 경험이 있으면 종종 상충하는 상황 속에서 무엇이 사실인지를 인식하는 데 매우 유리하다.

게다가 앞의 질문은 그 범죄에 부과할 형량에 따라서도 달라지는데, 몇 달간의 구금 판결을 내릴 때에 비해 사형 판결을 내릴 때에 훨씬 더 강력한 증거가 필요할 것이기 때문이다. 이 때문에 처벌은 죄에 맞는 것이어야 한다. 가벼운 죄에 무거운 벌을 내리려 한다면 (더 강력한 증거가 필요하므로) 불가피하게 적지 않은 죄인들을 풀어줘야 할 것이다. 따라서 정상을 참작할 필요가 있으면 형벌을 경감할 수 있는 권한을 재판관에게 부여하는 법률은, 죄인에 대한 인도적인 원칙에 부합하는 동시에 사회의 이익에도 부합한다. 범죄의 확률과 범죄의 심각성을 곱한 것은 피의자를 무죄방면 했을 때 사회가 직면할 위험의 척도가 되므로, 형량은 이 확률에 달려 있다고 할 수도 있다. 그 때문에 법원에서 피의자에게 유죄판결을 내릴 만큼 증거가 충분하지 않더라도 매우 강력한 증거가 존재하면 새로운 사실이 밝혀질 때까지 피의자를 시민들 속에 즉시 풀어 놓아 주지 않고 판결을 미루는 것도 간접적으로 그런 이유 때문이다. 하지만 그러한 측도가 재량에 달린 것이고 남용될 수도 있기 때문에 개인의 자유를 최고의 가치로 여기는 나라에서는 채택하지 않고 있다.

이제 단지 정해진 다수의 판단만으로 유죄판결을 내릴 때 법원의 결정이 공평할 확률, 즉 앞서 제기된 질문의 참된 답에 부응할 확률은 얼마일까? 이 중요한 문제를 올바로 풀면 여러 법원들을 서로 비교할 수 있을 것이다. 많은 재판관들 중에서 단 한 사람 차이로 유죄판결을 내린다면 그 사건은 매우 의심스러운 것으로서 무고한 사람을 보호할 인도주의 원칙에 어긋나는 처사일 것이다. 한편 재판관 전원의 만장일치로 판결을 한다면 올바른 결정을 할 확률은 매우 높아지겠지만 너무나 많은 죄인을 풀어주게 될 것이다. 따라서 만장일치로 판결을 내리려면 재판관 수를 제한해야 할 것이고, 반대로 재판관 수가 많아지면 유죄판결에 필요한 다수 재판관 수를 늘려야 한다. 이 문제에 확률론을 적용해 보겠는데, 이는 상식이 이끄는 데이터가 뒷받침된다면 항상 최선의 길이다.

이 계산에서 기본적인 요소는 각 재판관의 의견이 공정할 확률이다. 그 확률은 분명 소송마다 상대적일 것이다. 만일 재판관이 1,001명 있는데, 재판관 중 501명이 모두 같은 의견이고 500명은 그 반대편 의견이라면 당연히 각 재판관이 그 의견을 가질 확률은 1/2보다 아주 조금 크다. 만일 우리가 그 확률과 1/2의 차이를 매우 크다고 가정했다면 단 한 표 차이라는 결과가 나오기는 어려웠을 것이기 때문이다. 하지만 재판관들이 만장일치로 같은 의견이라면 유죄판결을 하는 증거의 강도가 어느 정도인지 알 수 있다. 이 경우 감정이라든가 공통의 편견 때문에 모든 재판관들이 동시에 잘못 생각한 것이 아니라면, 각 재판관이 갖는 의견의 확률은 거의 1, 즉 확실성에 가깝다. 이 확률은 오로지 피의자에게 유리한 표와 불리한 표의 비를 가지고 결정되어야 한다. 따라서 나는 이 확률이 1/2과 1 사이에 있으며, 1/2 아래로는 내려가지 않는다고 가정하겠다. 그렇지 않다면 법원의 결정은 동전 던지기 게임처럼 보잘것없는 것이 될 것이다. 그 확률이 가치를 갖는 경우는 재판관들이 잘못된 판단을 할 경우보다 옳을 판단을 할 가능성이 더 클 때다. 그리하여 나는 피의자에게 유리한 표의 수와 불리한 표의 수의 비를 가지고 이 의견에 대한 확률을 결정한다.[55]

---

55) (Dale, 190쪽) 라플라스는 $p+q$ 명의 재판관들로 이루어진 법정에

재판관이 여러 명인 재판의 경우 그 재판이 공정한 재판일 확률은 전체 재판관 중 판결에 필요한 재판관의 수를 몇 명으로 정하는가에 따라 달라지는데, 이 데이터들을 이용하면 그 확률의 일반적인 표현을 충분히 얻을 수 있다. 재판관이 모두 여덟 명인 재판에서 다섯 재판관이 유죄라고 해야 피의자에게 유죄판결을 내린다고 한다면 그 판결이 공정하지 못하고 오류가 생길 확률은 1/4보다 클 것이다. 만일 여섯 명 중 네 명이 유죄라고 해야 유죄판결을 내리는 재판이라면 오류가 생길 확률은 1/4보다 작을 것이다. 따라서 이처럼 재판관의 수가 줄어들면 피의자로서는 이득이 될 것이다. 두 경우 모두 유죄판결이 나려면 유죄라고 판단하는 재판관 수와 반대 입장인 재판관 수는 두 사람 차이가 난다. 따라서 그 차이가 일정하다면 전체 재판관 수가 많아질수록 오류의 확률은 커진다. 이 결과는 차이가 어떤 수이든 일정하기만 하다면 일반적으로 옳다.

서 p명은 유죄, q명은 무죄라고 판결했다면 재판관이 옳은 결정을 할 확률이 [1/2, 1] 사이에서 균등분포를 한다고 할 때, 법정의 결정이 옳을 확률은 다음과 같음을 보였다. 또한 《The Taming of Chance》의 230쪽에서도 마찬가지 결과를 볼 수 있다.

$$\frac{\int_{1/2}^{1} x^p (1-x)^q \, dx}{\int_{0}^{1} x^p (1-x)^q \, dx} = \frac{1}{2^{n+1}} \sum_{j=0}^{n-1} \frac{(n+1)!}{j! \; (n-j+1)!}.$$

따라서 만일 차이를 일정하게 둔다면 재판관 수가 늘어날수록 피의자는 점점 불리한 처지가 될 것이다. 전체 재판관의 수가 어떤 수이든, 유죄라고 판단하는 재판관 수와 반대로 생각하는 재판관 수의 차이가 12가 되어야 유죄판결이 난다고 해보자. 차이가 12가 되려면 유죄라고 생각하는 재판관 수가 늘어나는 만큼 유죄가 아니라고 생각하는 재판관 수도 늘어나야 그 차이가 유지된다. 잉글랜드처럼 배심원 수가 12명이라면 12명 전원이 유죄라고 판단해야 유죄판결이 가능하다. 그런데 그렇게 판결하는 것은 심각한 오류다. 212명의 재판관 중에서 112명은 유죄라고 판단하고 나머지 100명은 무죄라고 판단하는 것과 12명으로 이루어진 재판관 전원이 유죄라고 판단하는 것은 상식적으로 보더라도 서로 다른 것이다. 앞의 경우 사람들은 피의자에게 호의적인 재판관이 100명이나 된다는 사실로부터 피의자가 유죄라고 할 만큼 증거가 강력하지 못하다고 생각한다. 반면 두 번째 경우 재판관들의 의견이 만장일치이므로 사람들은 증거가 피의자가 유죄라고 할 만큼 강력하다고 생각한다. 하지만 단순한 상식만 가지고는 이 두 경우에 생기는 오류의 확률이 얼마나 큰 차이가 날지 어림하기 불충분하다. 확률 계산을 해보면 앞의 경우 오류의 확률은 1/5에 아주 가까운 반면 뒤의 경우 오류의 확률은 단지 1/8,192밖에 되지 않으므로 이 확률은 앞의 확률의 1,000분의 1에도 못 미친다. 이로부터 유죄판결에 필요한 재판관 수의 차이를 고정시킨 채 재판관 수를 늘리면 피의자에게 불리하다는 원리를 확실히 알 수 있다. 다른 한편 재판관 수의 차이가 아니라 비를 일정하게 한다면 오판의 확률은 재판관 수가 늘어남에 따라 줄어든다. 예를 들어 유죄라고 판단하는 재판관 수가 재판관 총수의 2/3가 되어야 유죄판결을 내린다면, 재판관 수가 6이면 오류 확률은 약 1/4이고 재판관 수가 12이면 확률은 1/7보다 작아진다. 따라서 오류의 확률을 어떤 주어진 수보다 커서도 안 되고 작아서도 안 되도록 만들고 싶다면 재판관 수의 차이나 비를 가지고 그렇게 할 수는 없다.

그런데 그와 같이 주어진 수를 어떻게 정할 수 있을까? 그 수는 재량껏 정할 수 있는 것인데, 바로 여기서 매우 다양한 법원 제도가 생긴다. 피의자에게 유죄판결을 내리는데 여덟 명 중 다섯 명의 유죄 판단이 필요하다면 공정성에 있어서 오류가 생길 확률은 65/256로서 1/4보다 큰 값이다. 이 값은 섬뜩할 정도로 큰 값이다. 하지만 우리는 대부분의 경우 재판관이 피의자가 유죄라고 판단하지 않았다고 해서 그 피의자가 무죄라고 여기지는 않는다는 사실을 알아야 한다. 그가 유죄라고 판단하지 않은 것은 단지 유죄라고 할 만큼 충분히 강력한 증거를 발견하지 못했다는 뜻이다. 사람들은 특히 자연이 인간의 마음에 심어놓은 동정심의 부추김을 받은 결과 재판해야 할 형사피고인을 범죄자로 보는 것을 꺼리게 된다. 그러한 감정은 형사재판에 익숙하지 않은 사람들이 더욱 많이 갖게 되는데, 이 감정 때문에 배심원들은 경험이 모자라서 생길 수 있는 불편함을 덜 느끼게 된다. 12명의 배심원으로 구성된 재판에서 12명 중 8명이 유죄 판단을 해야 유죄판결이 내려진다면 오류의 확률은 1,093/ 8,192으로서 1/8보다 약간 크다. 또 12명 중 9명이 유죄 판단을 해야 한다면 그 확률은 거의 1/22이 된다. 12명 전원이 유죄 판단을 해야 한다면 오류의 확률은 1/8,192이 되어 우리 배심원 제도가 가진 오류 확률의 1,000분의 1에도 못 미친다. 이 결과는 전원 일치라는 것은 단지 피의자에게 유리하거나 불리한 증거에 의해서만 생긴다고 가정하지만, 전원 일치라는 결과가 재판에 필요한 조건으로서 배심원들에게 부과될 때에는 배심원들도 완전히 외적인 이유 때문에 종종 전원 일치 의견을 내기로 합의해야만 한다. 배심원들의 결정은 그들의 기질이나 특성, 성향, 그리고 그들이 처한 상황에 달려 있으므로 배심원들이 단지 증거에만 귀를 기울인다면, 그들의 결정은 때로 배심원 중 다수가 내려야 마땅한 결정과 어긋나기도 한다. 내가 보기에 이런 형식으로 이루어지는 재판이 갖는 커다란 결점이 여기에 있는 것 같다.

프랑스의 배심원 제도에서는 옳은 결정의 확률이 너무 낮다. 무고한 사람에 대해 적합한 보호를 위해서는 적어도 배심원 12명 중 9명이 유죄 판단을 할 때 유죄판결을 내리는 것이 필요하다.

14장
사망표와 생명, 혼인, 그리고 일반적인 단체의 평균 지속 기간에 대해

사망표를 만드는 아주 간단한 방법이 있다. 주민등록부로부터 출생과 사망이 기록된 상당히 많은 개인들을 찾을 수 있고 태어난 지 1~2년 이내에 죽은 사람 수를 알 수 있다. 이로부터 매년 처음에 살아 있는 사람이 몇 명인지 구할 수 있는데, 그것을 나이를 나타내는 숫자 옆에 기록한다. 즉 숫자 0 옆에 출생 수를 기록하고 숫자 1 옆에 1세에 도달한 사람 수를 기록하고 숫자 2 옆에 2세에 도달한 사람 수를 기록하는 식이다.[56] 그런데 출생 직후 2년 동안에는 사망률이 매우 높으므로 더 정확하게 하려면 각 해의 절반이 끝나는 시점의 생존자 수를 기록할 필요가 있다.

사망표에 나타난 모든 개인들의 생존 기간을 합한 것

---

56) (Dale, 193쪽) $0, 1, 2, \cdots, n$을 나이(year)라 하고, 출생 수를 B, i세에 도달한 사람의 수를 S_i라고 할 때 라플라스가 설명하는 생명표는 다음과 같은 모양이다.

을 사람 수로 나누면 이 표에 있는 사람들의 1인당 평균 생존 기간(mean duration of life)을 얻는다. 이를 계산하는 방법은 다음과 같다. 먼저 태어난 후 첫 해의 사망자 수(해를 나타내는 숫자 0과 1 옆에 있는 값들의 차이가 이에 해당한다)에 $\frac{1}{2}$년을 곱한다. $\frac{1}{2}$년을 곱하는 이유는 사망이 일어난 시점은 1년 전체에 걸쳐 골고루 흩어져 있으므로 그 기간에 사망한 사람들은 평균 $\frac{1}{2}$년을 살았기 때문이다. 다음으로 사망표의 둘째 해에 죽은 사람 수에 $1\frac{1}{2}$년을 곱하고, 셋째 해에 죽은 사람 수에는 $2\frac{1}{2}$년을 곱한다. 이렇게 곱한 결과들을 모두 합한 뒤 출생 수로 나누면 1인당 평균 생존 기간을 얻는다. 결론적으로 각 해의 옆에 적힌 숫자들을 합한 것을 출생 수로 나누고, 몫에서 측정 단위인 $\frac{1}{2}$년을 빼면 1인당 평균 생존 기간을 얻는다는 것을 쉽게 알 수 있다.[57] 출생부터 계산하는 대신 다른 어느 연령에서

나이	생존자 수	차이
0	B	
1	S_1	$B-S_1$
2	S_2	S_1-S_2
⋮	⋮	⋮
$n-1$	S_{n-1}	$S_{n-2}-S_{n-1}$
n	S_n	$S_{n-1}-S_n$

57) (Dale, 193쪽) 라플라스가 소개하는 평균 생존 기간을 구하는 첫

시작할 때에도 그 시점에 생존한 사람이 그 뒤에 평균 얼마나 생존하는지 알아보려면 마찬가지로 계산하면 된다. 즉 출생 수 대신 그 연령에 도달한 사람 수를 이용하는 것이다. 그런데 그렇게 구한 평균여명(平均餘命)이 최대가 되는 시점은 출생 시점이 아니고, 유아 시기의 사망 위험이 없어진 뒤로서 대략 43세에 해당된다. 정해진 나이에서 시작하여 특정 연령에 도달할 확률은 표에서 그 두 연령에 해당하는 사람 수의 비와 같다.

이 결과가 정확해지려면 표를 만들 때 대단히 많은 출생 자료를 확보해야 한다. 그러고 나면 표에 있는 숫자가 참값으로부터 좁은 범위 안에 있을 확률을 매우 간단한 식으로 나타낼 수 있게 된다. 그 식으로부터 우리는 출생 수가 많아지면 많아질수록 구간의 폭이 좁아지고 그에 비례하여 확률이 높아짐을 알 수 있다. 따라서 출생 수가 무한

번째 방법은 다음과 같다.

$$M=\frac{1}{B}\left[(B-S_1)\frac{1}{2}+(S_1-S_2)\frac{3}{2}+\cdots+(S_{n-1}-S_n)\frac{2n-1}{2}\right].$$

여기서 처음 태어난 B 명이 결국 모두 사망한다면 $S_n=0$이 되어 아래의 두 번째 식을 얻는다.

$$\begin{aligned} M &= \frac{1}{2B}[(B+2S_1+2S_2+\cdots+2S_{n-1})+B-B] \\ &= \frac{1}{B}(B+2S_1+2S_2+\cdots+2S_{n-1})-\frac{1}{2}. \end{aligned}$$

히 많다면 사망표의 결과는 사망 법칙의 참값을 정확히 나타낼 것이다.

그러므로 사망표는 사람 생명의 확률에 대한 표다. 나이를 나타내는 숫자 옆에 기록된 사람 수와 출생 수의 비는 신생아가 그 나이에 다다를 확률이다. 마찬가지로 기대되는 이득과 그것을 얻을 확률을 곱한 다음 모두 합하여 기댓값을 추정하는데, 각 나이와 그 나이가 시작될 때와 끝날 때 확률을 더한 것의 반을 곱한 다음 모두 합하면 앞에서 구한 것처럼 평균 생존 기간(mean lifetime)을 얻는다. 그런데 이런 식으로 평균 생존 기간을 생각하면 정지인구(즉 출생 수와 사망수가 같은 인구)에서 평균 생존 기간은 인구와 연간 출생 수의 비라는 것을 알게 되는 이점이 있다. 인구가 정지 상태라고 가정하면 사망표에 있는 연속된 두 해의 사이에 해당하는 나이를 가진 사람의 수는 그 두 해에 이를 확률들을 합한 것의 절반을 매년 출생 수에 곱한 것과 같다. 이러한 곱을 모두 합하면 전체 인구가 된다. 그 합을 매년 출생 수로 나눈 것이 우리가 방금 정의한 평균 생존 기간과 같다는 것은 쉽게 알 수 있다.

사망표로부터 정지인구라고 가정한 인구의 사망표를 만들기는 쉽다. 이를 위해서는 나이 0 살부터 한 살까지,

한 살부터 두 살까지, 두 살부터 세 살까지 등의 나이에 해당하는 사망표의 수들을 산술평균한다. 이 평균들의 합이 총인구가 된다. 이 값을 나이 0 곁에 쓴다. 이 합에서 첫 번째 평균을 빼면 나이 한 살 이상인 사람 수가 남는다. 이 나머지에서 두 번째 평균을 빼면 나이가 두 살 이상인 사람 수가 남고, 같은 식으로 계속해서 사람 수를 구한다.

사망률은 아주 많은 가변적인 원인에 달려 있기 때문에 그것을 나타내는 표는 장소와 시간에 따라 달라진다. 이런 면에서 삶의 여러 상황들은 각 상태에서 불가피한 고난과 위험의 확실한 차이를 드러내며, 수명에 바탕을 둔 계산에서 이러한 것들을 고려하는 것은 절대적으로 필요하다. 하지만 이런 차이들은 충분히 관측된 적이 없다. 언젠가 관측될 때가 오면 각 직업별로 요구되는 수명의 희생을 파악하게 되고, 그러한 위험을 줄임으로써 이 지식을 유익하게 이용할 수 있다. 토양이 얼마나 쾌적하며 고도, 기온, 주민들의 관습, 정부가 운용되는 방식이 어떠한지에 따라 사망률은 크게 달라진다. 하지만 관찰한 차이가 생기는 원인을 이 원인의 확률로부터 찾아나가는 것이 항상 필요하다. 따라서 인구와 매년 출생 수의 비는, 프랑스에서는 $28\frac{1}{3}$인데, 이 값은 옛날 밀라노 공국의 25와 비교해도 다른 값이다. 이 비는 둘 다 모두 아주 많은 출생 수로부터 얻은 것인데 밀라노에서 특별한 사망 원인이 있다는 것은 의심의 여지가 없으므로, 그 원인을 찾아내어 제거하는 것은 그 정부의 중대한 관심사가 되어야 한다.

우리가 위험한데다 널리 만연된 질병을 줄일 수 있다면 인구와 출생 수의 비는 다시 올라갈 것이다. 천연두의 경우가 바로 그러했는데, 처음에는 접종의 덕분이었고 나중에는 훨씬 개선된 백신 접종 방식 덕분이었다. 제너는 그가 발견한 엄청난 가치를 갖는 그 접종법으로 인해 인류에게 가장 고마운 사람 중 하나가 되었다.

천연두의 특징은 한 번 걸리면 다시는 안 걸린다는 점이다(두 번 걸리는 경우도 있기는 하지만 너무 드물기 때문에 계산에서 제외해도 될 정도다). 백신이 발견되기 전까지만 하더라도 이 병을 피해 갈 수 있는 사람은 거의 없었으며, 일단 걸리면 종종 치명적인 결과를 낳기 마련이어서 걸린 사람 중 대략 1/7 정도가 사망했다. 때로 이 병은 가볍게 넘어가기도 했는데, 실험 결과 적절한 음식을 섭취하는 건강한 사람에게 적절한 시기에 접종을 하면 병을 약화시킬 수 있음이 밝혀졌다. 접종받은 사람의 사망률은

1/300에도 미치지 못했던 것이다.

[접종을 받으면] 자연 상태의 천연두 때문에 종종 생기는 용모 손상이나 불행한 결과가 없다는 장점과 더불어 이러한 사망률 감소라는 장점으로 인해 많은 사람이 접종을 받게 되었다. 접종은 열렬히 권장되는 한편, 위험이 뒤따를 수 있는 거의 모든 경우에 그러하듯 또한 강력한 반대에도 부딪혔다. 논쟁 과정 중에서 다니엘 베르누이는 접종이 평균 생존 기간에 미치는 영향을 확률 계산으로 알아보자고 제안했다. 하지만 여러 나이에서 천연두로 인한 사망률을 알 수 있는 정확한 데이터가 부족했기 때문에 그는 각 연령에서 이 병에 걸릴 위험과 이 병으로 사망할 위험이 같다고 가정했다. 이런 가정을 하고 정밀한 분석을 한 끝에 그는 통상적인 사망표를 천연두가 없을 경우, 또는 병에 걸린 사람 중 아주 적은 사람만 죽을 경우의 사망표로 바꾸는 데 성공했다. 이로부터 접종을 하면 평균 생존 기간을 적어도 3년 늘릴 수 있다는 결론을 얻었으므로, 그는 다른 모든 의심을 물리치고 접종이 유익하다는 것을 인정하게 되었다. 그런데 달랑베르는 베르누이의 분석을 공격했다. 우선 베르누이의 두 가지 가정이 확실하지 못하다는 것이 이유였다. 또 접종으로 인해 사망할 위험은 비록 그 확률은 작다 하더라도 직접적인 반면, 자연 상태

에서 천연두에 굴복할 위험은 비록 크기는 해도 보다 먼 위험인데, 베르누이는 그 둘을 비교하지 않았다는 것이었다. 많은 사람들에 대해 생각한다면 그런 우려는 사라지므로 정부에서도 신경 쓰지 않고 접종이 유익하다는 것을 인정했다. 하지만 자신의 자녀에게 접종해야 하는 부모의 입장에서는 그 문제가 대단히 중요했다. 부모로서는 세상에서 가장 소중한 자녀가 그 접종 때문에 죽을 수도 있다는 것도 두렵고, 접종을 받게 함으로써 부모가 그 죽음의 원인이 되는 것도 두려워할 수밖에 없었던 것이다.[58] 바

---

58) (옮긴이 주) 여기에 나오는 다니엘 베르누이(1700~1782)와 달랑베르(1717~1783)의 논쟁은 천연두 접종의 효과를 둘러싸고 벌어진 논쟁으로서, 수학적인 확률론을 사회 · 정치적인 문제에 적용하는 것이 타당한가라는 문제가 논쟁의 초점이었다. 수학자로서 평생 동안 라이벌 관계였던 두 사람은 이 논쟁이 있기 이전에도 이미 현실적인 문제에 수학적 기댓값이 부적절한 경우인 '상트페테르부르크의 역설'을 두고 대립한 바 있다. 천연두 접종을 둘러싼 논쟁은 1760년에 베르누이가 〈천연두로 인한 사망률과 이를 예방하는 방법으로서 접종의 이점에 대한 새로운 분석〉(베르누이의 논문이 출판된 것은 1766년이었는데, 다음 사이트에서 영어로 번역된 것을 읽을 수 있다.

http://www.semel.ucla.edu/biomedicalmodeling/pdf/Bernoulli&Blower.pdf)이라는 논문을 발표하면서 시작되었다. 접종법을 옹호하는 베르누이의 논문이 발표되자 즉시 달랑베르가 〈천연두 접종에 대한 확률론 적용에 대해〉라는 논문을 발표하여 베르누이의 주장을 반박했는데, 그의 주장은 수학적인 계산에 따르면 접종으로 인해 얻는 이익이

로 이러한 두려움 때문에 많은 부모들이 접종을 회피했는데, 이제는 다행히 백신이 발견되어 그런 두려움은 모두 사라졌다. 백신은 자연이 종종 우리에게 보여주는 신비 중의 하나로서 두창 바이러스처럼 천연두를 확실하게 막아주면서도 바이러스 접종이 갖던 위험은 없다. 백신을 맞으면 병에 노출되는 것이 아니고 아주 조금 신경만 쓰면 된다. 그러므로 백신은 급속히 퍼졌고, 백신이 보편적인 것이 되려면 단지 사람들이 갖는 자연적인 관성만 극복하면 된다. 관성을 극복하려면 아무리 소중한 것이 달려 있더라도 끊임없이 맞설 필요가 있다.

어떤 질병이 퇴치되어서 얼마나 유익한지 계산하는 가장 간단한 방법은 매년 그 나이에 사망한 사람 수에서 그 병으로 사망한 사람 수를 빼면 된다. 그 차이를 특정 나이에 있는 전체 사람 수로 나눈 비는, 질병이 없다고 할 때 그

크다 하더라도 그 때문에 사망할 현실적인 위험이 있는 이상 사람들이 접종을 선택하기 어렵다는 것이었다. 즉 달랑베르는 단순한 수학적인 이론보다는 '경험'과 '현실'을 강조하는 입장이었던 것이다. 이 논쟁이 있은 지 30여 년 뒤인 1796년 제너가 천연두 백신을 개발함으로써 사람들은 천연두의 공포에서 벗어나게 되었다. 확률의 역사와 관련하여 이 논쟁에 대해 조금 더 보려면 Daston, L. 《Classical Probability in the Enlightenment》(Princeton University Press, 1988) 가운데 82~90쪽을 보라.

나이에 해당하는 1년 동안에 사망할 확률이 될 것이다. 결과적으로 출생 때부터 어느 나이까지 이 확률들을 더한 뒤 그 결과를 1에서 빼주면, 그 질병이 소멸된 덕분에 그 나이에 이르도록 생존할 확률을 얻는다. 이 확률들을 가지고 이 가설 아래에서 사망표를 만들고 이로부터 앞에서 했던 대로 평균 생존 기간을 얻는다. 이렇게 해서 뒤비야르[59]는 백신 접종으로 인해 평균 생존 기간이 적어도 3년은 늘어났다는 것을 알게 되었다. 1인당 평균 생존 기간이 이 정도 늘어나면 다른 한편으로 식량이 부족해져서 수명을 단축시키지 않는 한 전체 인구에서 늘어난 생존 기간은 대단히 길어질 것이다.

인구 증가가 억제된 것은 기본적으로 식량 부족 때문이다. 모든 동식물 종류는 먹을 것이 한계에 다다를 때까지 계속해서 자연적으로 수가 늘어난다. 인간의 경우에는 도덕적인 원인이 인구에 큰 영향을 미친다. 땅을 손쉽게

---

59) (옮긴이 주) 에마뉘엘 에티엔 뒤비야르 드 뒤랑(Emmanuel-Etienne Du- villard de Durand, 1755~1832). 사망표를 만든 것으로 유명한 프랑스의 통계 전문가로서 연금, 보험에 대한 글을 남겼으며, 라플라스가 여기서 언급한 것은 《각 연령에서 천연두와 백신을 비롯한 그 예방법이 인구와 그 수명에 미치는 영향에 대한 분석과 표》(1806)에 있는 내용이다.

경작할 수 있어서 새로운 세대를 충분히 먹여 살릴 수 있다면 대가족을 부양하는 데 아무 문제가 없으므로 이른 나이에 결혼을 하고 자녀도 많이 가질 것이다. 그런 경우에 인구와 출생 수는 기하급수적으로 함께 늘어날 것이다. 하지만 경작할 땅도 드물고 경작하기는 더욱 어렵다면 인구 증가는 더딜 것이다. 먹을 것의 한계는 가변적이므로 인구는 마치 그 한계를 중심으로 진자가 흔들리듯이 계속해서 한계에 접근할 것이다. 진자가 매달리는 점이 바뀌면 진자의 운동 주기가 늦춰지는데, 진자는 그 무게 때문에 그 점을 중심으로 왔다 갔다 한다. 인구가 최대로 증가하면 어느 정도가 될지 추정하기는 어렵다. 관찰을 해보니 조건이 좋을 때 인구는 약 15년마다 배로 늘어난다. 북아메리카에서는 인구가 배가 되는 기간이 22년이다. 그럴 때 인구, 출생 수, 혼인 수, 사망 수는 모두 같은 기하급수에 따라 증가하며, 이어지는 두 값의 상수 비는 두 시대의 연간 출생 수에 달려 있다.

사람 생명의 확률을 나타내는 사망표를 가지고 혼인 기간도 알 수 있을 것이다. 논의를 간단히 하기 위해 남녀의 사망률이 같다고 하면 혼인이 1년, 2년, 3년 지속될 확률을 알 수 있다. 그 확률은 사망표에서 결혼 쌍방의 나이에 해당하는 두 수를 곱한 값을 분모로 두고 1년, 2년, 3년씩 늘린 나이를 곱한 것을 분자로 한 분수를 계산하면 된다. 2분의 1씩 늘어나는 이 분수들의 합이 1년을 단위로 측정한 평균 결혼 지속 기간이다. 같은 방법으로 셋 또는 그 이상의 사람들의 관계가 지속되는 기간에 대해서도 평균을 구할 수 있다.

16장
확률 추정에서의 착각에 대해[60]

눈으로 보는 것과 마찬가지로 정신도 착각에 빠질 수 있다. 시각의 착각은 만져보면 교정되고, 애초에 정신이 착각한 것은 사고와 계산으로 교정할 수 있다. 우리는 단순한 계산으로 구한 보다 나은 확률보다는 일상적인 경험에 바탕을 둔 확률, 혹은 두려움이나 희망으로 인해서 과장된 확률로부터 더 큰 영향을 받는다. 따라서 우리는 만일 작은 이득을 얻으려면 목숨을 거는 위험을 감수해야 하고, 그 위험이 프랑스 복권에서 다섯 숫자를 모두 맞히기[61]보다 훨씬 어려운 정도가 덜한 경우에도 아무 두려움

60) (옮긴이 주) 15장인 〈사건의 확률에 의존하는 제도의 이익에 대해〉에는 사람 수명의 확률분포에 바탕을 둔 종신연금이나 톤틴연금 사업, 그리고 화재보험이나 해상보험 사업 등에서의 손익을 이자율과 기댓값을 이용하여 계산하는 내용이 들어 있다. 짧은 글로서 피어슨의 말마따나 "별달리 새로운 내용이 없으므로"(Pearson, 696쪽) 이 번역에서는 생략했다.

61) (Dale, 197쪽) 프랑스의 복권은 90개 숫자 중에서 5개 숫자를 고르는 방식으로서, 선택한 다섯 숫자가 미리 정해진 숫자들을 모두 맞힌 경우를 'quine'이라 하고 네 개를 맞혔다면 'quaterne'이라고 하는데,

없이 목숨을 걸기도 한다. 반면 다섯 숫자를 모두 맞히면 확실히 목숨을 내놓아야 한다면 작은 이득을 얻기 위해 그런 위험을 무릅쓸 사람은 없을 것이다.

우리가 가진 감정이나 편견 또는 유행하는 생각들 때문에 자신에게 유리한 확률을 과장하고, 불리한 확률을 작게 생각하는 것은 위험한 착각으로 향하는 흔해 빠진 지름길이다.

우리는 지금과 상반되는 이유로 생겼던 불행을 기억하기보다 현재의 불행과 그 원인으로부터 훨씬 많은 영향을 받는다. 현재의 불행과 그 원인 때문에 우리는 과거와 현재의 불행으로부터 각각 어떤 불이익이 생기며, 그 불행을 막기 위한 수단들은 어떤 것들이 있는지 정확히 분간할 수 없게 된다. 평화 상태에 있던 국가가 독재와 무정부 상태로 번갈아 가는 원인도 거기에 있다(길고 고통스러운 혼란을 겪고 나서야 다시 평화 상태로 돌아갈 수 있다).

다른 사람이 보는 반대의 경우는 알아차리지 못하고 자신의 눈앞에서 일어나는 사건으로부터 생생한 인상을 받는 것이 오류의 주요한 원인이며, 이 원인을 제대로 극복하기란 어려운 일이다.

'quine'의 확률은 1/ 43,939,268이다.

불리한 기회들을 앞에 두고도 많은 착각들 때문에 희망을 계속 갖는 경우는 주로 도박에서 생긴다. 복권을 사는 사람은 대부분 자신에게 유리한 기회가 얼마나 되며 불리한 기회는 어느 정도 되는지 알지 못한다. 단지 그들은 적은 돈으로 일확천금을 얻을 가능성만 생각할 뿐이다. 그들은 상상 속에서 꿈꾸는 계획 때문에 큰돈을 얻을 확률을 과장해서 생각하게 되는데, 특히 보다 나은 삶을 꿈꾸는 가난한 사람들이 도박에 가진 것을 다 거는 것은 큰 이득을 약속하는 듯 보이는 가장 불리한 경우들에 집착하기 때문이다. 의심할 바 없이 도박에서 잃는 돈이 얼마나 엄청난지 알게 되면 이 모든 사람들은 놀랄 것이다. 하지만 다른 한편으로 누군가가 도박에서 큰돈을 벌었다는 사실도 널리 알려져서 사람들이 이 죽음의 게임에 빠지는 또 다른 이유가 된다.

만일 프랑스 복권에서 어떤 숫자가 오랫동안 나오지 않았다면, 사람들은 그 숫자에 돈을 걸려고 몰려든다. 그들이 생각하기에 그 숫자가 오랫동안 나오지 않았기 때문에 다른 수보다 그 숫자가 다음번에 나와야 하는 것이다. 이런 흔한 오류는 내가 볼 때 착각에 근거를 두고 있는데, 사람들은 착각 속에서 무의식중에 사건의 원인을 생각한다. 가령 동전을 던질 때 계속해서 앞면만 열 번 나올 가능성은 매우 낮다. 따라서 앞면이 아홉 번 연속 나오는 것은 놀라운 일인데, 만일 그런 결과가 나오면 우리는 열 번째에는 뒷면이 나올 것이라고 믿게 된다. 하지만 지금까지 그 동전은 뒷면보다 앞면이 나오는 경향이 더 높았기 때문에 열 번째에 뒷면이 나올 가능성보다 앞면이 나올 가능성이 더 높다. 즉 아홉 번 연속해서 앞면이 나왔다는 과거의 사실이 열 번째에 앞면이 나올 확률을 높여주는 것이다. 비슷한 착각 때문에 많은 사람들이 그 수가 뽑힐 때까지 한 가지 숫자에만 돈을 걸고 복권을 사면 확실히 당첨될 것이라고 생각한다. 그렇게 되면 복권 사는 데 드는 돈을 합한 것보다 상금이 더 많아진다는 것이다. 하지만 종종 도박꾼들이 더 이상 돈이 충분하지 않다고 해서 도박을 중단하지는 않더라도 도박꾼들이 수학적으로 계산되는 불리함을 줄일 수는 없으며, 점점 많은 돈을 걸어야 하기 때문에 그들은 심리적으로 점점 더 불리해질 것이다.

나는 아들 낳기를 열망하는 사람들이 출산할 달이 되자 그 달에 태어난 남자아이들의 수를 열심히 헤아리는 것을 본 적 있다. 그들은 월말이 되면 여자아이와 남자아이의 비가 같을 것으로 생각하고는 이미 태어난 남자아이들 때문에 다음에 여자아이가 태어날 확률이 높아진다고 판단했던 것이다. 한정된 흰 공과 검은 공이 든 항아리에서 흰 공을 하나 꺼내고 나면 다음번 공을 꺼낼 때 검은 공이 나올 확률이 높아진다. 하지만 출산 문제에서 마땅히 가정해야 하는 것처럼 항아리 속에 무한히 많은 공이 들어 있는 경우라면 그렇게 되지 않는다. 만일 어떤 달에 여자아이보다 남자아이가 더 많이 태어났다면, 임신이 될 당시에 남자아이를 임신하는 데 유리한 보편적인 원인이 있었는지 생각해 볼 수 있고, 그랬다면 다음번 출산에서도 남자아이가 태어날 확률이 더 높아진다. 숫자를 뽑을 때마다 모든 숫자들의 가능성이 완전히 동일하도록 잘 섞은 복권 숫자를 뽑는 것과 자연의 불규칙적인 사건을 정확히 그대로 비교할 수는 없다. 그 사건들 가운데 어떤 것이 빈번히 일어났다면, 그 사건에 유리한 원인이 있을 법하므로 다음번에 그 사건이 일어날 확률이 높아진다. 그리고 비 오는 날이 계속될 때처럼 어떤 사건이 오래 반복되었다면 그런 변화가 생긴 미지의 원인을 생각하게 되고, 이 경우에는 복권 숫자를 뽑을 때처럼 무엇이 일어날지 전혀 정할 수 없는 상태와는 달라진다. 하지만 이 사건들을 관찰하는 횟수가 점점 많아지면 그 결과를 복권의 결과와 더욱 정확하게 비교할 수 있게 된다.

지금까지 살펴본 착각과는 반대로 사람들은 프랑스 복권에 당첨될 번호를 과거에 가장 자주 당첨된 번호들 중에서 고르기도 한다. 이 복권 번호를 섞는 과정을 생각해 보면 과거에 일어났던 일은 미래에 대해 아무런 영향도 미칠 수 없음을 알 수 있다. 어떤 숫자가 매우 자주 뽑힌 것은 단지 우연의 이례적인 경우다. 내가 그런 경우에 대해 여럿 계산을 해보았는데, 예외 없이 숫자들이 모두 같은 가능성을 가진다고 할 때 우리가 의심 없이 받아들일 수 있는 한계 내에 있는 결과들이었다.

종류가 같은 사건이 오래 지속될 때 단지 우연의 변덕에 의해 행운이나 불운의 유별난 흐름이 나타나는데, 게임을 하는 대부분의 사람들은 한결같이 이를 일종의 운명의 탓으로 돌린다. 우연과 동시에 사람의 능력에도 좌우되는 게임에서는 가끔 먼저 게임에서 진 사람이 그가 입은 손실 때문에 평정을 잃은 결과, 다른 상황에서는 피했을 위험한 모험을 통해 그 손실을 만회하려는 경우가 있다. 이때 그는 자신의 불운을 증폭시켜서 불운이 더 지속되게 만드는 셈이다. 그럴 때에는 신중해야 하며 불리한 기회에 따르는 심리적 불리함이 불운 자체에 의해 더 커진다는 점을 확신하는 것이 중요하다.

자신이 오랫동안 우주의 중심에 있었으며 자연이 그를 특별히 배려한다고 생각한 결과, 각 개인은 자신이 어느 정도 넓은 세계의 중심이라고 여기고는 우연이라는 것이 특별히 자신에게 호의적이라고 믿는다. 도박을 하는 사람은 이러한 생각의 부추김을 받아 기회가 자신에게 불리한 것을 알면서도 거액을 거는 위험을 무릅쓰곤 한다. 인생살이에서 그러한 믿음이 득이 될 때도 있지만 그런 믿음 때문에 재앙에 빠지는 경우가 더 잦다. 늘 그러하듯이 여기서도 착각은 위험하며, 오로지 진실만이 통상적으로 유용하다.

확률론의 큰 장점 중 하나는 우리가 갖는 첫인상을 믿어서는 안 된다는 점을 가르쳐줄 수 있다는 점이다. 첫인상에 대해 확률 이론을 적용해 보면 종종 그 인상이 잘못된 것임을 알게 되므로, 다른 일에 대해 우리 자신을 신뢰하려면 매우 신중하게 살펴보아야만 한다는 결론에 도달할 수밖에 없다. 몇 가지 보기를 통해 이를 알아보자.

항아리 속에 흰 공과 검은 공이 모두 네 개 들어 있는데, 모두가 같은 색은 아니다. 공을 하나 꺼냈더니 흰 공이었다. 이 공을 집어넣고 공을 다시 뽑기 시작한다. 다음 네 번 공을 뽑을 때 모두 검은 공만 뽑힐 확률은 얼마일까?

만일 항아리 속에 든 흰 공과 검은 공의 수가 같다면 이 확률은 $(1/2)^4$, 즉 1/16(여기서 1/2은 공을 한 개 뽑을 때 검은 공이 뽑힐 확률)이다. 하지만 처음에 흰 공이 뽑혔다는 사실 때문에 항아리 속에 흰 공이 더 많을 것이라고 할 수 있다. 왜냐하면 만일 항아리 속에 흰 공이 세 개, 검은 공이 한 개 들어 있다면 흰 공을 뽑을 확률은 3/4이고, 항아리 속에 흰 공과 검은 공이 두 개씩 들어 있다면 그 확률은 2/4이며, 흰 공 하나와 검은 공 세 개가 들어 있다면 확률은 1/4이기 때문이다. 사건이 주어졌을 때 원인의 확률에 대한 원리를 따르자면 이 세 경우의 확률들의 비는 $\frac{3}{4}:\frac{2}{4}:\frac{1}{4}$과 같으므로 세 가설의 (사후) 확률은 $\frac{3}{6}, \frac{2}{6}, \frac{1}{6}$이 된다. 따라서 항아리 속에 검은 공이 적게 들어 있거나 흰 공, 검은 공의 수가 같을 승산은 5 대 1이다. 따라서 처음에 흰 공이 뽑히고 나서 검은 공이 네 번 연속 뽑힐 확률은 항아리 속에 든 흰 공과 검은 공의 수가 같을 때 검은 공이 네 번 연속 뽑힐 확률, 즉 1/16보다 작아야만 할 것처럼 보인다. 하지만 그렇지 않다. 간단한 계산만으로도 그 확률이 1/14보다 크다는 것을 알 수 있다. 실제로 공의 색깔에 대해 앞에서 열거한 세 가지 가설에서 검은 공이 연속 네 번 뽑힐 확률은 각각 $(1/4)^4, (2/4)^4, (3/4)^4$이다. 세 가설의 확률, 즉 $\frac{3}{6}, \frac{2}{6}, \frac{1}{6}$을 이 세 확률에 각각 곱한 다음 합을 구하면 검은 공 네 개가 연속 뽑힐 확률이 된다.[62] 그 결과는

---

62) (Dale, 199쪽) 여러 가설을 H_i라 하고 흰 공이 하나 뽑히는 사건을 W, 검은 공이 네 개 이어서 뽑히는 사건을 B라고 할 때,

$$\Pr[B \mid W] = \sum \Pr[B \mid H_i] \cdot \Pr[H_i \mid W].$$

29/384로서 1/14보다 더 크다. 이러한 역설은 비록 첫 번째 뽑은 공이 흰 공이었기 때문에 항아리 속에 흰 공이 더 많이 들어 있을 것 같지만 그 결과가 검은 공이 더 많이 들어 있을 가능성을 배제하지 않으며, 한편 검은 공이 더 많다면 두 가지 공의 수가 같을 수 없다는 것으로 설명된다. 그런데 검은 공이 어떤 정해진 수만큼 연속으로 뽑힐 확률은 그 수가 클 때에는 항아리 속에 두 가지 공의 수가 같은 경우보다, 비록 가능성은 낮지만 검은 공이 더 많이 들어 있는 경우에 더 커야 한다. 우리가 보았듯이 연속으로 뽑히는 검은 공의 수가 4일 때 그런 결과가 시작된다.

다시 흰 공과 검은 공이 든 항아리를 생각하는데, 먼저 흰 공과 검은 공이 하나씩 들어 있다고 하자. 이때 흰 공이 뽑힐 것이라는 데 돈을 건다면 이기고 질 확률은 반반이다. 그런데 이번에는 항아리 속에 흰 공 하나와 검은 공 두 개가 있을 때 공평하게 돈을 거는 게임이 되려면 흰 공이 뽑히는 데 돈을 거는 사람은 공을 두 번 뽑을 수 있게 해야 할 것 같다. 마찬가지로 항아리에 흰 공 하나와 검은 공 세 개가 들어 있다면 흰 공이 뽑히는 데 돈을 거는 사람은 공을 세 번 뽑을 수 있게 해야 할 것 같다. 물론 공을 뽑을 때마다 그 공은 다시 집어넣는다고 가정한다.

그런데 우리는 처음 가졌던 이런 인상이 틀렸다는 것

을 쉽게 알 수 있다. 실제로 흰 공 하나와 검은 공 두 개가 들어 있는 항아리에서 공을 두 번 뽑을 때 검은 공을 두 개 뽑을 확률은 $(2/3)^2$, 즉 4/9다. 하지만 이 확률과 공을 두 번 뽑을 때 적어도 흰 공이 하나는 뽑힐 확률을 더하면, 공을 두 개 뽑을 때 검은 공을 두 개 뽑거나 적어도 흰 공을 하나 뽑는 것은 확실하므로 그 결과는 확실성, 즉 확률 1이 된다. 그러므로 적어도 흰 공을 하나 뽑을 확률은 5/9가 되어 1/2보다 크다. 흰 공 하나와 검은 공 다섯 개가 들어 있는 항아리에서 공을 다섯 개 뽑을 때도 역시 적어도 흰 공을 하나 이상 뽑을 확률은 1/2보다 크다. 공을 네 개 뽑을 때에도 그렇게 돈을 걸면 역시 유리한데, 이는 주사위 하나를 네 번 던졌을 때 6이 적어도 한 번 나오는 데 돈을 거는 것과 같다.

파스칼의 친구인 드 메레(A. G. Chevalier de Méré, 1610~1685)는 위대한 수학자 파스칼로 하여금 확률론에 몰두하게 만듦으로써 확률 이론이 창시되는 데 이바지했던 인물이다. 그는 파스칼에게 다음과 같은 이유로 이 숫자들에서 오류를 찾았다고 말했다. "주사위 하나를 굴려서 적어도 한 번 이상 6이 나와야 한다고 할 때, 주사위를 네 번 굴리면 671 대 625의 비로 유리하다. 주사위 두 개를 던져서 둘 모두 6이 나와야 한다고 할 때는 24번 던지면 불리하다. 적어도 주사위 두 개로 나올 수 있는 모든 경우 36에 대한 24의 비는 주사위 하나에 있는 면의 수 6에 대해 4의 비와 같다."[63] 파스칼은 페르마에게 보낸 편지에서 "이것이 바로 정리들은 일관성이 없으며, 산술은 모순이라고 대담하게 말하면서 드 메레가 '대실수(great scandal)'라고 부른 문제다. 그는 매우 훌륭한 정신을 가진 인물이지만 수학자는 아닌데 당신도 알다시피 그 때문에 큰 문제가 생긴다"고 했다. 드 메레는 잘못된 유추에 빠진 결과, 공평하게 돈을 걸려면 주사위를 던지는 횟수가 나올 수 있는 전체 기회에 비례해서 증가해야 한다고 생각했던 것이다. 그의 생각은 정확하지 않은 것이었지만 전체 기회의 수가 커지면 점점 정확해진다.[64]

---

63) (옮긴이 주) 드 메레가 '대실수(great scandal)'라고 일컬은 것은 다음의 이유 때문이다. 주사위 하나를 굴리면 모두 여섯 가지 결과가 나오고, 주사위 두 개를 굴리면 모두 6×6=36가지 결과가 나온다. 주사위 하나를 네 번 굴릴 때 적어도 6이 하나 이상 나오는 것이 유리하다면, 주사위 두 개를 굴려서 두 주사위가 모두 6이 되는 것이 유리한 경우는 4×6=24회 굴릴 때여야만 하는데, 그렇지 못하므로 모순이라는 뜻이다. 즉 드 메레의 생각으로는 유리한 게임이 되기 위한 주사위 굴리는 횟수가 4회, 4×6=24회 등으로 6의 배수가 되어야 하는데, 계산 결과는 그렇지 않다는 것이다.

64) (옮긴이 주) 널리 알려졌듯이 확률의 역사에서 1654년 파스칼이 도

사람들은 여자아이보다 남자아이가 더 많이 태어나는 이유를 아버지들이 자기의 이름을 잇기 위해 남자아이를 더 기대하는 데서 찾으려 했다. 그렇다면 같은 수의 흰 공과 검은 공들이 무수히 많이 들어 있는 항아리가 있는데, 많은 사람들이 흰 공을 뽑을 때까지만 공을 뽑을 의도를 갖고 각자 공을 하나씩 계속해서 꺼낸다고 상상해 보자. 우리는 그 의도 때문에 검은 공보다 흰 공이 훨씬 더 많이 뽑힐 것이라고 믿게 된다. 사실 공 뽑기가 끝나면 사람 수만큼 흰 공이 뽑혀야 하며, 검은 공은 하나도 뽑히지 않을 수도 있다. 하지만 이러한 판단은 단순한 착각에 지나지 않음을 쉽게 알 수 있다. 만일 처음 공을 뽑을 때 동시에 모든 사람이 공을 하나씩 뽑는다면, 그들이 가진 의도는 나타나야 하는 공의 색깔을 정하는 데 아무런 효력을 발휘하지 못한다. 사람들이 가진 의도가 발휘하는 효력은 처음에 흰 공을 뽑은 사람으로 하여금 두 번째부터는 공을

박에 대한 드 메레의 질문에 대한 답을 구하고, 페르마와 편지를 주고받으며 그 문제를 논의했던 일은 수학적인 확률 연구의 최초 사례로 간주된다. 이에 대해서는 Hacking, I., 《The Emergence of Probability》(Cambridge University Press, 1975) 가운데 57~62쪽을 보라. 또한 본문에 나오는 드 메레의 주장에 대한 몇 가지 분석을 보려면 Hald, A., 《A History of Probability and Statistics and Their Applications before 1750》(Wiley, 1990) 가운데 54~55, 71~72쪽을 보라.

뽑지 않도록 만드는 것뿐이다. 비슷하게 두 번째 공을 뽑는 데 참가하는 사람들이 가진 의도 역시 뽑히는 공의 색깔에 아무런 영향도 미칠 수 없다는 것은 확실하며, 이는 이어지는 공 뽑기 과정에서도 마찬가지다. 사람들의 의도는 공을 뽑는 전체 과정에서 뽑히는 공의 색깔에 아무런 영향을 미치지 못하며, 단지 다음 단계의 공을 뽑는 사람 수를 많고 적게 할 뿐이다. 결국 뽑힌 흰 공과 검은 공의 비는 1과 거의 차이 없을 것이다. 이로부터 만일 매우 많은 사람이 있는데 뽑힌 공의 비가 1과 비교해서 현저히 다르다면, 그 비와 1의 차이가 항아리에 든 공의 비에서도 성립할 가능성이 매우 높다.

또한 나는 라이프니츠와 다니엘 베르누이가 확률론을 급수의 합을 구하는 데 적용한 것 역시 착각이라고 생각한다. 분수 $1/(1+t)$를 t의 거듭제곱들로 이루어진 급수로 전개하면 $t=1$일 때 분수는 1/2이 되고 급수는 $+1+(-1)+1+(-1)\cdots$가 된다. 이 급수의 항을 두 개씩, 두 개씩 더하면 모든 항이 0인 급수가 된다. 이탈리아의 예수회원인 그랑디(F. L. Grandi, 1671~1742)는 무수히 많은 0, 즉 무로부터 1/2이라는 분수가 생기므로 이 결과는 창조의 가능성을 뜻한다고 결론지었다. 라이프니츠도 비슷하게 0과 1이라는 기호만 사용하는 이진법 연산에 창조가 반영

되어 있다고 믿었다. 그는 1은 신을 나타내고 0은 무를 나타낼 수 있는데, 1이 0과 더불어 이진법 체계의 모든 수를 나타내는 것과 마찬가지로 조물주는 무에서 모든 것을 창조했다고 상상했다. 라이프니츠는 이러한 생각을 매우 즐긴 결과 이를 중국수학위원회 회장이었던 예수회의 그리말디(P. M. Gri- maldi, 1638~1712)에게 말했다. 그는 창조를 이처럼 기호로 표시한 것을 보면 중국의 황제가 기독교로 개종할 것이라고 희망했던 것이다. 내가 이 이야기를 다시 꺼낸 이유는 단지 가장 뛰어난 인물이 얼마나 미숙한 편견에 사로잡힐 수 있는지를 보여주기 위해서다.

라이프니츠는 항상 독특하면서도 매우 허술한 형이상학에 끌렸는데, $+1+(-1)+1+(-1)\cdots$라는 급수는 항의 수가 홀수인가 짝수인가에 따라 1 또는 0이 된다고 생각했다. 그런데 무한히 많은 항이 있으므로, 홀수 또는 짝수 어느 쪽도 더 많다고 할 수 없기 때문에 확률 규칙에 따라 0과 1이라는 두 수의 절반을 택해야만 한다는 것이다. 그렇게 하면 급수의 값은 1/2이 된다. 그 이후 다니엘 베르누이는 주기적인 항들의 급수 합을 구하는 데에까지 이러한 주장을 확대, 적용했다. 하지만 엄밀히 말해서 그 급수들 중 어느 것도 값을 갖는 것은 없었다. 그것들이 의미가 있는 경우는 1보다 작은 변수의 거듭제곱을 항들에 곱했을 때뿐이었다. 그런 경우에는 변수와 1의 차이가 아무리 작더라도 그 급수들은 항상 수렴한다. 그리고 확률 규칙에 따라 베르누이가 부여한 값들은 이들 분수에서 변수가 1이라고 가정했을 때, 그 급수를 이루는 분수들의 값 바로 그것이었다. 게다가 이 값들은 변수가 1에 점점 가까워지면 급수가 근사되는 극한값들이었다. 하지만 변수가 딱 1이 되면 급수는 더 이상 수렴하지 않고 단지 유한한 개수의 항들에 대해서만 값을 갖는다. 주기를 갖는 급수 값들의 극한과 확률론을 이처럼 적용하는 것 사이의 주목할 만한 관계에서는 이 급수들의 항이 변수의 연속적인 거듭제곱과 곱해진다고 가정한다. 하지만 이들 급수는 그렇지 않은 무수히 많은 서로 다른 분수들을 전개했을 때에도 나올 수 있다. 즉 $+1+(-1)+1+(-1)\cdots$라는 급수는 $(1+t)/(1+t+t^2)$을 전개해도 생긴다. 이 분수의 변수를 1로 두면 전개한 것이 위의 급수로 바뀌며 분수의 값은 2/3가 된다. 결과적으로 이러한 경우 확률 규칙으로부터 잘못된 결과가 나올 수 있다. 이는 특히 방법의 엄밀성 때문에 특별히 구별되는 수학에서 그러한 논증을 사용하는 것이 얼마나 위험한지를 보여주는 증거다.[65)]

65) (옮긴이 주) 확률 추정에서 생길 수 있는 착각에 대해 라플라스는

더 많은 내용을 썼지만 이 번역에서는 여기까지만 옮겼다. 여기까지는 이 책의 초판에서 라플라스가 썼던 부분이고, 번역에서 생략된 이후의 내용은 이후의 판을 낼 때 덧붙여 쓴 것이다. 한편 트루스콧과 에모리는 이 부분을 영어로 번역하면서 적지 않은 내용을 빠트리고 번역했으므로 읽을 때 유의해야 한다.

17장
확실성에 가까워지기 위한 여러 가지 방법에 대해

귀납, 유추, 사실에 근거를 두고 세운 다음 새로운 관측에 의해 계속 수정하는 가설, 태어날 때 갖게 된 후 경험과의 많은 비교를 통해 강화되는 행운의 영감, 이런 것들이 진리에 이르는 주요 수단이다.

종류가 같은 일련의 대상들을 주의 깊게 살펴보면 그 대상들 사이에서, 그리고 그들의 변화에서 유사성이 보이기 시작한다. 그 유사성은 살펴보는 대상이 늘어나면서 점점 더 분명해지는데, 그것을 계속해서 확장시키고 일반화시켜 나가면 종국에는 그 유사성이 나오게 된 원리를 알 수 있다. 하지만 이러한 유사성은 종종 아주 많은 외적인 환경 속에 가려져 있기 때문에 우리가 유사성을 찾아내고, 그 원리까지 밝혀내려면 대단히 예민해야만 한다. 과학의 진수는 바로 여기에 있다. 해석학과 자연과학이 밝혀낸 가장 중요한 것들은 귀납이라고 불리는 풍성한 방법 덕분이었다. 뉴턴의 이항정리와 만유인력의 원리도 귀납으로 얻은 것이었다. 귀납으로 얻은 결과의 확률을 추정하기란 어려운 일이며, 귀납의 바탕은 가장 단순한 관계가 가장 일반적인 것이라는 것이다. 이는 해석학의 식에서 입증되고 자연현상에서, 결정화(crystallization)에서, 그리고 화학 결합에서 다시 발견된다. 모든 자연적 결과는 단지 몇 개의 움직일 수 없는 법칙으로부터 나온 수학적인 결과에 불과하므로 관계의 단순성은 전혀 놀라운 것이 아니다.

하지만 귀납으로 과학의 보편적 원리들을 밝힌다 할지라도 그 원리들을 엄밀하게 확립시키기 위해서는 충분하지 못하다. 과학의 역사에서 볼 수 있듯이 때때로 귀납에서는 부정확한 결과가 나오기도 하기 때문에 귀납은 항상 증명이나 결정적인 실험을 통해 확증할 필요가 있다. 여기서 소수(素數)에 대한 페르마의 정리를 예로 들어보자. 소수 이론에 대해 깊이 생각했던 이 위대한 수학자는 소수만 포함하면서, 어떤 소수가 주어졌을 때 그 수보다 큰 소수를 바로 구할 수 있는 공식을 찾으려 했다. 귀납에 의해 그는 $2^{2^n}+1$이라는 식이 늘 소수가 될 것으로 생각했다. 즉 $2^{2^1}+1=5$와 $2^{2^2}+1=17$이 모두 소수이며, 2^8+1, $2^{16}+1$ 역시 소수였으므로 귀납과 여러 산술적인 고려에 힘입어 페르마는 이 결과가 일반적인 것이라고 간주하기에 이르렀다. 하지만 그는 이를 엄밀히 증명하지는 못했다고 인정했다. 실제로 오일러는 $2^{32}+1$을 계산하여 4,294,967,297

을 얻고 이 수가 641로 나눠진다는 것을 보임으로써 페르마의 생각이 틀렸다는 것을 밝혔다.

우리는 여러 사건들—가령 운동들—이 일정하게 일어났으며, 단순한 관계로 오랫동안 연결되어 있다면 귀납에 의해 앞으로도 사건들이 그러한 관계에 따라 일정하게 일어날 것이라고 결론 내린다. 또 확률 이론에 의해 이 관계는 우연이 아니라 규칙적인 원인 때문에 일어난다고 결론지을 것이다. 따라서 규칙적인 달의 자전과 공전운동, 규칙적인 궤도와 달 적도 접점들의 운동, 일치하는 접점들. 그리고 목성의 첫 세 위성 운동의 특수한 비, 즉 첫 위성의 평균 경도에 둘째 위성의 평균 경도의 세 배를 빼고 셋째 위성의 평균 경도를 두 배 한 것을 더하면 180도가 되는 것. 밀물과 썰물의 간격과 달이 자오선을 통과하는 간격이 같은 것. 밀물과 썰물의 차이가 태양, 달, 지구가 일직선상에 오는 삭망 때 가장 커지고 상현달이나 하현달일 때 가장 작아지는 것. 이 모든 것들은 관측을 시작한 이래 항상 유지되어 왔으므로 수학자들이 어떻게 해서든 성공적으로 만유인력 법칙과 연결시킨 고정된 원인이 존재한다는 것을 대단히 높은 확률로 나타내 준다. 또 이러한 원인들에 대한 지식은 이 관계들이 영원히 지속될 것임을 보장해 준다. 영국의 대법관이자 참된 과학적 방법에 대한 웅

변적인 주창자였던 프랜시스 베이컨(F. Bacon, 1561~1626)은 귀납을 지구가 움직이지 않는다는 것을 증명하는 데에 대단히 이상한 방식으로 잘못 적용했다. 그가 남긴 가장 위대한 저술인 《신기관(Novum Orga- num)》에서 베이컨은 다음과 같이 추론했다. 천체가 지구로부터 멀면 멀수록 동쪽에서 서쪽으로 운행하는 운동의 속도는 빨라진다. 이 운동이 가장 빠른 경우는 붙박이별들이며. 토성은 그보다 조금 느리고 마지막으로 달과 지구에서 가장 가까운 혜성의 운동 속도가 가장 느리다. 그 사실은 특히 열대지방에서 공기 분자가 나타내는 큰 원 때문에 대기 중에서도 여전히 지각할 수 있다. 마지막으로 바다에서는 거의 지각할 수 없는데. 물론 지구에서 그 속도는 0이다. 하지만 이 귀납은 단지 토성과 그보다 아래에 있는 천체들이 전체 천구를 동쪽에서 서쪽으로 움직이는 실제 또는 겉보기운동과 반대되는 나름대로의 운동을 한다는 것과 이 운동들이 더 멀리 있는 천체에서는 더 느린 듯이 보인다는 것－광학의 법칙과도 부합한다－을 증명할 뿐이다. 베이컨은, 지구가 움직일 수 없다고 할 때 천체들이 자전 운동을 하는 데 필요한 상상할 수 없을 정도의 속도에 열중했던 것이 틀림없다. 또한 그는 이 운동이 어떻게 해서 항성들, 태양, 혹성들, 그리고 달처럼 서로 그처럼 먼 천체들이 모두 이 운동을 하는 것처럼 보이는지를 설명할 때의 극도의 단순함에 열중했던 것이 틀림없다. 베이컨은 바다와 대기의 운동을 지구에서 멀리 떨어진 천체의 운동과 비교하지 말았어야 했다. 공기와 바다는 지구의 한 부분들이기 때문에 운동을 하는 동안이든 가만히 있는 동안이든 지구의 운동에 동참하고 있다. 천재였기 때문에 대단한 통찰력을 지녔던 베이컨이 코페르니쿠스의 우주 체계에서 오는 웅대한 아이디어에 설득당하지 않았던 것은 이상한 일이다. 하지만 그는 그 체계를 지지했기 때문에 그가 잘 알고 있던 갈릴레이의 발견들 중에서 매우 유사한 것들을 찾을 수 있었다. 베이컨은 진리를 찾기 위한 가르침은 제시했지만 그 사례는 제시하지 못했다. 하지만 관찰과 경험에 몰두하기 위해서는 학문에서 하찮은 세부 사항을 버릴 필요가 있다는 것을 이성과 능변의 모든 능력을 동원하여 강조함으로써, 그리고 현상의 보편적인 원인을 확인하는 참된 방법을 보여줌으로써, 이 위대한 철학자는 그의 경력이 막을 내린 저 영광의 세기 동안 인간 정신이 이룩한 거대한 진보에 공헌했다.

유추(analogy)는 유사한 것들이 같은 종류의 원인 때문에 생겨서 같은 결과를 낳을 확률에 바탕을 두고 있다. 유사성이 완전할수록 이 확률도 커진다. 따라서 우리는 같은 기관을 갖고 같은 행동을 하는 생물들은 같은 감각을 경험하며 원하는 바도 같을 것이라고 의심 없이 생각한다. 인간과 같은 기관을 가진 동물들이, 비록 인간들 개인이 느끼는 것보다는 약간 열등하겠지만, 우리와 유사한 감각을 가졌을 확률은 여전히 매우 높다. 그리고 일부 철학자들이 동물들은 단순한 자동기계라고 생각하는 것은 종교적 편견의 영향을 받았기 때문이다. 동물들이 감각을 가졌을 확률은 그들이 가진 기관이 인간의 기관들과 덜 닮을수록 작아지지만 곤충과 같은 경우만 하더라도 그 확률은 항상 매우 높다. 가르침을 받지 않았는데도 세대에 걸쳐 완전히 똑같은 방식으로 매우 복잡한 일을 수행하는 종을 보면 우리는 그들이 수정 분자를 결합시키는 것과 유사한 일종의 친화력에 따라 행동한다고 믿게 된다. 하지만 그 친화력은 집합적인 동물의 의식과 함께 섞여서 화학결합의 규칙을 가진 가장 독특한 여러 가지 결합을 낳는다. 어쩌면 이처럼 선택적 친화력과 의식이 혼합된 것을 동물자성(animal magnetism)이라 부를 수도 있을 것이다. 비록 식물의 조직과 동물의 조직 사이에는 큰 유사성이 있지만 내가 보기에 식물들에게까지 감각이 있다고 확대하기에는 충분하지 못한 것 같다. 하지만 그것을 부정할 정당한 사유는 없다. 빛과 열의 유익한 작용으로 태양은 지구에 있는 동식물에게 생명을 부여한다. 우리는 유추에 따라 다른 혹성에서도 태양 때문에 비슷한 결과가 생겼으리라고 가정할 수 있다. 왜냐하면 그처럼 여러 가지로 작용하는 것을 우리가 목격한 원인이 지구처럼 나름의 낮과 밤이 있고 1년이 있는 목성처럼 큰 혹성에서는 작용하지 않는다고 생각하는 것은 자연스럽지 못하기 때문이다. 목성에 대해 관측해 보면 태양이 매우 활발하게 작용하고 있음을 뜻하는 변화를 보게 된다. 하지만 그렇다고 해서 그 혹성에는 지구와 비슷한 존재들이 살고 있다고 결론 내리는 것은 너무 비약이 심한 유추일 것이다. 좋아하는 온도와 호흡하는 원소에 맞게 창조된 인간은 모든 면에서 다른 혹성에서는 살 수 없을 것이다. 하지만 이 우주에 있는 별의 다양한 구성에 알맞은 무수한 기관들이 존재하면 안 될까? 지구상에서는 원소와 기후가 조금만 달라도 그처럼 엄청나게 다양한 것들이 생긴다면, 여러 혹성과 그 위성들에 있는 것들은 얼마나 더 다르겠는가! 아무리 적극적으로 상상해 보아도 그들에 대해 짐작조차 하기 어렵지만, 그들이 존재할 가능성만은 대단히 높다.

타당한 유추에 따라 우리는 별들이 우리의 태양처럼 질량에 비례하고 거리의 제곱에 반비례하는 매력적인 힘을 지닌 많은 태양이라고 생각하게 된다. 그 힘은 태양계의 모든 천체에서, 그리고 그들이 지닌 가장 작은 분자에서도 입증되고 있으므로 모든 사물에 다 들어 있을 것 같다. 서로 근접해 있기 때문에 이중성(double)이라고 불리는 작은 별의 운동이 이미 이를 보여주는 것 같다. 정밀하게 관측하면 앞으로 1세기도 지나기 전에 별들이 서로의 주위를 회전하는 것을 밝힘으로써 그들이 반비례하는 인력을 가졌다는 것을 의심 없이 인정하게 될 것이다.

각 별들이 혹성계의 중심이라고 간주하게 되는 유추는 앞에서 살펴본 것에 비해 설득력이 훨씬 떨어지지만, 별과 태양이 어떻게 만들어졌는가에 대해 우리가 제안했던 가설 때문에 가능성 있는 유추가 된다. 이 가설에 따르면 각 별은 태양과 마찬가지로 원래 거대한 대기로 둘러싸여 있어서 자연히 이 대기가 태양의 대기와 같은 효과를 낼 것이고, 응축 과정을 거쳐 혹성과 위성을 만들었다고 가정하는 것이 당연하기 때문이다.[66]

많은 과학적 발견은 유추에 의해 이루어진다. 나는 여기서 전기현상과 천둥 번개의 효과 사이의 유추를 통해 이루어진 대기전기(atmospheric electricity)의 발견을 가장

---

66) (옮긴이 주) '성운설(星雲說)'이라고 불리는 이론으로서 칸트가 주장한 이후 라플라스가 구체화시켰다. 오늘날 태양계 생성에 대한 여러 이론 가운데 가장 널리 인정되는 이론이다.

두드러진 사례 중 하나로 언급할까 한다.

우리가 진리를 찾을 때 가장 확실한 방법은 현상에서 출발하여 법칙에 이르기까지, 그리고 법칙에서 힘까지 귀납적으로 나아가는 데 있다. 법칙이란 개별적인 현상들을 서로 연결시켜 주는 관계를 말하는데, 만일 그 현상을 낳은 힘의 일반적 원리를 알고 있다면 직접 실험이 가능할 때는 항상 실험을 해서, 그렇지 않을 때에는 그 현상이 이미 알려진 현상과 일치하는지 연구해서 증명할 수 있다. 또 만일 엄밀한 분석을 통해 그 현상들이 가장 세부적인 사항에 이르기까지 모두 이 원리에서 나왔음을 알게 된다면, 그리고 나아가 그 현상들이 무척 다양하고 수도 아주 많다면 과학은 이를 가장 확실성이 높고 완전하다고 인정한다. 대기전기를 발견할 때 천문학에서도 그러했다. 그런데 과학의 역사를 보면 발명가들이 항상 이처럼 느리고 힘든 귀납이라는 과정을 따랐던 것은 아님을 알게 된다. 원인을 무척 캐고 싶어 하는 사람들은 상상력을 발휘하여 가설을 즐겨 만들고 자신의 목적에 맞게 사실을 왜곡하기도 한다. 이런 경우 가설은 위험한 것이다. 하지만 우리가 그 가설을 단지 현상의 법칙을 찾기 위해 현상을 결합하는 수단으로만 생각하면, 또 어떤 사실도 그 가설 때문이라고 하지 않는다면 우리는 새로운 관측을 가지고 가설을 계속 수정할 수 있으므로 참된 원인에 도달하게 될 것이다. 아니면 적어도 관측된 현상으로부터 주어진 환경에서 무엇이 일어나야 할지 결론내릴 수 있을 것이다.

우리가 현상의 원인에 대해 나올 수 있는 모든 가설을 검증할 수 있다면, 아마 우리는 제거하는 과정을 통해 진리에 이르게 될 것이다. 이 방법은 성공적으로 이용되어 왔지만 때로는 모든 알려진 사실을 똑같이 잘 설명하는 여러 가정이 있어서 결정적인 관측이 나와 옳은 가설을 밝혀낼 때까지 과학자들의 의견이 갈리는 경우도 있다. 인간 정신의 역사에서 이런 경우 가설들로 돌아가서 그 가설이 어떻게 많은 사실을 성공적으로 설명해 냈는지 살피고 자연적으로 부활하기 위해 겪어야 할 변화를 알아보는 것은 흥미롭다. 프톨레마이오스의 천문학 체계는 단지 하늘에서 보이는 것을 현실적으로 나타낸 것이었는데, 프톨레마이오스가 그 크기는 구하지 않은 채 매년 나타냈던 원과 주전원들을 우리가 태양의 궤도와 같고 평행하게 만들자 이 체계는 혹성들이 태양 주위를 운동한다는 가설로 변환되었다. 이 가설을 세계에 대한 올바른 체계로 바꾸기 위해서는 태양의 겉보기운동을 거꾸로 지구의 운동으로 바꾸는 것으로 충분했다.

계산으로 이 다양한 수단을 써서 얻은 결과의 확률을

다루기는 거의 항상 불가능한데, 이는 역사적 사실의 경우에도 마찬가지다. 하지만 때로 확률을 추정할 수 없다면, 설명되는 현상들의 총체, 또는 증거들의 총체에 대해 이성적으로 어떤 의심도 가질 수 없다. 그렇지 않은 경우라면 단지 지극히 세심하게 그 현상과 증거들을 대하는 것이 현명하다.

18장
덧붙이는 글 : 확률론의 역사에 대해

가장 단순한 도박에서 참가자들에게 유리한 기회와 불리한 기회의 비는 아주 오래전부터 알려져 있었는데, 그 비에 따라 판돈과 거는 돈이 달라진다. 하지만 파스칼과 페르마 이전에는 아무도 이 주제에 수학을 적용하기 위한 원리와 방법을 연구하지 않았고, 아무도 이런 종류의 보다 복잡한 문제를 해결하지 못했다. 따라서 확률 과학의 기초를 놓은 것은 이 위대한 두 과학자라고 해야 한다. 17세기는 인간 정신에 대해 가장 큰 영예가 된 세기인데, 17세기를 빛내주는 여러 가지 주목할 만한 업적 가운데에는 확률론을 발견한 것도 포함된다. 그들이 다른 수단들을 써서 풀었던 주요 문제는 우리가 이미 보았듯이 같은 능력을 가진 사람들이 도박을 하다가 게임이 다 끝나기 전에 도박을 중단하기로 했을 때, 판돈을 어떻게 나누는 것이 공평한가라는 문제였다. 원래 게임의 조건은 정해진 점수(사람에 따라 다르다)를 먼저 얻는 사람이 이기는 것이었다. 각 참가자가 이길 확률에 비례해서 판돈을 분배해야 하는 것은 분명하다. 그리고 그 확률은 각자가 아직 부족한 점수가 얼마씩인가에 따라 정해진다. 파스칼의 방법은 매우 독창적인 것이었다. 기본적으로 그 방법은 가장 작은 값부터 시작하여 참가자들의 확률을 연속적으로 구하기 위해 단지 이 문제에 대한 편차분방정식을 적용한 것이었다. 이 방법은 참가자가 둘인 경우에 국한된 것이었으나 조합을 이용한 페르마의 방법은 여러 참가자가 있는 경우에도 적용할 수 있다. 파스칼은 처음에 자신의 방법처럼 페르마의 방법도 참가자가 둘인 경우에 국한된다고 믿었지만 페르마와의 토론 이후에는 페르마의 방법이 더 보편적인 것임을 알게 되었다.

하위헌스(C. Huygens, 1625~1695)는 이미 해결된 다양한 문제들을 모으는 한편 새로운 문제를 덧붙여서 작은 논문을 발표했는데, 《도박에서의 계산에 대해(De Ratiociniis in Ludo Aleae)》라는 제목이 붙은 그 글은 이 주제에 대한 글로서는 사상 처음으로 나온 것이었다. 그 이후 여러 수학자들이 이 주제에 몰두했는데, 네덜란드의 휘데, 수석 행정관(grand pensionary)이었던 데 비트, 그리고 영국의 핼리가 수학을 인간 생활의 확률에 적용했고, 그중에서도 핼리는 이 분야에서 처음으로 사망표를 발표했다.[67] 거의 같은 시기에 자코브 베르누이가 확률의 여러 문제에 수학을 적용했고, 그 문제에 대한 풀이도 나중에

내놓았다. 마침내 베르누이는 《추측술》이라고 이름 붙인 걸작을 썼는데, 이 책은 1705년에 그가 죽고 나서 7년이 지난 뒤에야 출판되었다.[68) 이 책에는 확률 과학이 하위

---

67) (옮긴이 주) 얀 데 비트(Jan de Witt, 1625~1672)와 얀 휘데(Jan Hudde, 1628~1704)는 둘 다 수학에 관심이 많았던 네덜란드의 정치가들로서, 유럽의 최강국으로 부상한 네덜란드가 무역과 항해의 주도권을 놓고 영국과 대립하던 시기에 활동한 사람들이다. 네덜란드가 영국에 이어 프랑스와도 전쟁을 치르는 등 어려운 상황이 전개되던 1653~1671년 사이에 데 비트는 수상에 해당하는 공직에 있었는데 1671년에 연령대별 사망률과 기댓값을 써서 종신연금제도를 만들었다. 사실 네덜란드 정부가 국민들을 상대로 연금증서를 팔게 된 중요한 이유는 전쟁 비용을 마련하는 데 있었다. 복잡한 국제정치 상황 속에서 결국 데 비트는 군중들에게 살해당했고, 그의 작업은 암스테르담 시장이 된 휘데가 이어받았다. 핼리혜성으로 유명한 영국의 핼리(Edmond Halley, 1656~1742)는 천문학 연구 말고도 1693년에 브로츠와프 시의 사망표를 만들어 인구추정 방법과 생명연금의 가격을 연구했다. 연금의 역사 속에서 이들에 대해 보려면 Lewin, C. G., 《Pensions and Insurance Before 1800: A Social History》(Tuckwell Press, 2003) 가운데 282~301쪽을 보고 이 세 사람을 중심으로 17세기 후반의 보험과 연금에 대해 확률 이론을 중심으로 설명한 것을 보려면 Hald, A., 《A History of Probability and Statistics and Their Applications before 1750》(Wiley, 1990) 가운데 116~141쪽을 보라. 데 비트, 휘데, 핼리 세 사람은 《The Emergence of Probability》 가운데 111~121쪽에서도 역시 주인공들이다.

68) (옮긴이 주) 라틴어로 된 이 책의 영어 번역으로는 《The Art of

헌스의 글에서보다 훨씬 더 심도 있게 들어 있는데, 그 내용으로는 조합과 급수에 대한 일반 이론, 그리고 그 이론들을 확률의 여러 어려운 문제에 적용한 것 등이다. 또한 이 책은 책에 담긴 정확하고 날카로운 통찰력으로 인해서, 그리고 이런 종류의 문제에 이항식이 이용된 것으로 인해서, 또한 다음 정리가 증명되어 있는 것으로 인해서 더욱 훌륭하다.

> 관측과 실험을 반복하는 횟수가 늘어나면, 두 사건이 일어나는 비는 미리 정한 어떤 값보다도 작은 폭을 가질 수 있는 연속적으로 좁아지는 구간 안에서 두 사건 확률의 비로 가까이 간다.

이 정리는 관측으로부터 현상의 법칙과 원인을 구하는 데 대단히 유용하다. 당연한 일로 베르누이는 이 증명을 매우 중요하게 생각했는데, 그의 말에 따르면 20년이 넘는 기간 동안 이 문제를 숙고했다고 한다.

자코브 베르누이가 죽고 나서 그의 책이 출판되기 전

Conjec- turing》(translated by E. D. Sylla, Johns Hopkins University Press, 2006)이 있으며, 이 책을 저본으로 전체의 약 30%를 우리말로 옮긴 것으로 《추측술》(조재근 옮김, 지식을만드는지식, 2008)이 있다.

까지의 기간 동안 몽모르(P. R. de Montmort, 1678~1719)와 드무아브르가 확률 이론에 대한 책을 출판했다. 몽모르의 책 제목은 《운에 따르는 게임에 대한 해석학 시론(Essay d'Analyse sur les Jeux de Hazard)》인데, 그 속에는 다양한 운에 따르는 게임에 확률 이론을 적용한 사례들이 들어 있었다. 그리고 몽모르는 그 책의 제2판을 내면서 여러 어려운 문제에 대한 니콜라스 베르누이(N. Bernoulli, 1687~1759)의 정교한 해결책들이 담긴 편지들도 덧붙여 실었다. 몽모르의 책보다 나중에 나온 드무아브르의 책 《우연론(The Doctrine of Chance)》은 책으로 나오기 전인 1711년 《철학 회보(Philosophical Transactions)》에 먼저 발표되었던 것이다. 그 이후 드무아브르는 계속 그 책의 내용을 개선하여 제3판까지 내놓았다. 이 책은 기본적으로 이항식에 바탕을 두고 있으며 책에 들어 있는 문제와 그 풀이들은 대부분 보편적인 것들이다. 하지만 이 책의 뛰어난 점은 순환급수 이론과 그 이론을 확률 문제에 적용한 것이다. 이 이론은 상수계수를 가진 선형유한차분방정식의 적분에 대한 것인데, 그 적분은 드무아브르가 비범하게 성공적인 방법으로 얻은 것이다.

드무아브르는 그 책에서 또한 많은 관측으로부터 얻은

결과의 확률에 대한 자코브 베르누이의 정리도 다루었다. 베르누이와 달리 그는 연속적으로 일어나야만 하는 사건의 비가 각 사건 확률의 비로 가까이 가는 것을 보이는 데 만족하지 않았다. 드무아브르는 그 결과에 덧붙여 그 두 비의 차이가 주어진 한계 내에 있을 확률을 멋지고 간단한 식으로 나타냈다. 이를 위해 그는 (a) 차수가 매우 높은 이항분포에서 최대항과 그 이항분포의 모든 항을 합한 것 사이의 비와 (b) 그 최대항과 그 항에 아주 가까이 있는 다른 항들 사이의 차이를 로그로 나타낸 것을 구했다. 이 경우 최대항은 상당히 많은 인수들을 곱한 것이므로 그 값을 수치적으로 계산하는 것은 비현실적이다. 그것에 대해 수렴하는 근삿값을 구하기 위해 드무아브르는 이항분포의 가운데 항을 거듭제곱한 것에 스털링의 정리를 이용했다. 여기에는 초월함수와 아무 관계가 없어 보이는 식에 원주와 반지름의 비를 제곱근한 것[$\sqrt{2\pi}$]이 나타나기 때문에 특별히 주목할 만한 정리다. 게다가 드무아브르 자신이 이 결과에 무척 놀랐는데, 그 결과는 스털링이 반지름 1인 원의 원주를 끝이 없는 곱으로 나타내는 표현으로부터 유도한 바 있었다. 또 그 표현은 월리스가 매우 흥미롭고 대단히 유용한 정적분 이론의 씨앗이 담긴 독특한 해석학으로 얻은 것이었다.[69]

여러 학자들, 그중에서도 빠트려서는 안 될 사람들로 드파르시외, 케르서붐, 바르옌틴, 뒤프레 드 생-모르, 심프슨, 쥐스밀히, 메센, 모오, 프라이스, 베일리, 그리고 뒤비야르70)등이 인구와 출생, 혼인, 그리고 사망에 대한 귀

---

69) (옮긴이 주) 존 월리스(John Wallis, 1616~1703)는 뉴턴 이전의 영국 수학자 중에서 가장 영향력이 컸던 인물로서 여기서 언급하는 것은 $\frac{\pi}{2} = \frac{2^2 \cdot 4^2 \cdot 6^2 \cdot 8^2 \cdot 10^2}{3^2 \cdot 5^2 \cdot 7^2 \cdot 9^2 \cdot 11^2} \cdots$ 라는 결과다.

그는 1656년에 발표한 《무한 산술》에서 적분 계산을 통해 '월리스 곱(Wallis product)'이라고도 불리는 이 결과를 얻었다. 제임스 스털링(James Stirling, 1692~1770)은 스코틀랜드의 수학자로서 이른바 '스털링의 공식, 즉 $n! \sim \sqrt{2\pi}\, n^{n+1/2} e^{-n}$ 이라는 근사'식에 이름이 남아 있다. 사실 이 식은 그가 처음 만든 것이 아니고 드무아브르가 1733년에 이항분포의 근사분포를 나타내는 식으로 정규분포 밀도함수를 유도하는 과정에서 처음 썼는데, 스털링은 이를 조금 개량했던 것에 지나지 않는다. 이런 이유 때문에 이 식을 '스털링-드무아브르의 공식'이라고도 부른다.

70) (옮긴이 주) 앙투안 드파르시외(Antoine Deparcieux, 1703~1768)는 《인간 수명의 지속 확률에 대한 시론(Essai sur les Probabilités de la Durée de la Vie humaine)》(1746)을 발표한 프랑스의 수학자. 빌럼 케르서붐(Willem Kersseboom, 1691~1771)은 네덜란드의 사망표를 만들고 보험, 연금, 경제학 등에 대한 연구를 남긴 수학, 통계학자. 페르 빌헬름 바르옌틴(Pehr Wilhelm Wargentin, 1717~1783)은 스웨덴의 인구학자, 천문학자. 뒤프레 드 생-모르(Nicolas-François Dupré de Saint-Maur, 1695~1774)는 프랑스의 경제, 통계학자. 모오

중한 데이터들을 방대한 규모로 축적했다. 그들은 평생연금, 톤틴연금, 보험 등을 위해 적절한 식과 표들을 만들었다. 하지만 이 짧은 글에서 나는 독창적인 아이디어만을 소개하고 싶기 때문에 여기서는 이 유용한 작업들을 단지 언급만 할 수 있을 뿐이다. 그 가운데에는 수학적 기댓값과 정신적 기댓값의 구별, 그리고 정신적 기댓값을 분석하기 위해 다니엘 베르누이가 만든 독창적인 원리가 있다. 또한 그가 접종 문제에 확률 이론을 잘 어울리게 적용한 것도 있다. 무엇보다 우리는 이러한 독창적인 아이디어 가운데에서 사건이 관측된 후 그 사건들의 확률을 직접 생각했던 것을 가장 으뜸자리에 두어야 한다. 자코브 베르누이와 드무아브르는 이 확률들을 안다고 가정하고는 미

(Jean-Baptiste Moheau, 1745～1794)는 《프랑스의 인구에 대한 연구와 고찰(Recherches et Considérations sur la Population de la France)》(1778)을 쓴 프랑스의 인구학자. 뒤비야르(Emmanuel-Étienne Duvillard, 1775～1832)는 스위스의 경제학자. 베일리(Francis Baily, 1774～1844)는 영국의 천문학자다. 그 외에 심프슨(T. Simpson, 1710～1761)과 쥐스밀히(J. P. Süssmilch, 1708～1767), 그리고 프라이스(R. Price, 1723～1791)에 대해서는 스티글러의 《통계학의 역사》(조재근 옮김, 한길사, 2005) 가운데 해당 내용을 보라. 그리고 Dale, 224쪽에 따르면 라플라스가 'Messène'이라고 쓴 이름은 'Messance'를 잘못 적은 듯 보인다고 한다. 메상스(Louis Messance, 1734～1796)는 '프랑스 인구통계학의 아버지'라고 일컬어지는 프랑스의 통계학자였다.

래 실험의 결과로부터 그 확률에 대해 점점 좋은 근삿값을 얻을 확률을 찾았다. 베이스(T. Bayes, 1702~1761)는 1763년《철학 회보》에 실린 논문에서 과거의 경험이 나타내는 확률들이 주어진 한계 이내에 포함될 확률을 직접 구하려 했다. 약간 어색한 방식을 쓰기는 했지만 날카롭고 매우 독창적으로 베이스는 그 목적을 이루었다. 이 주제는 원인의 확률, 그리고 관측 사건이 주어졌을 때 미래 사건들에 대한 이론과 연결된 것이다. 나는 같다고 가정했던 확률들 사이에 있을지도 모르는 차이 때문에 생기는 결과를 언급하면서 그 이론의 원칙들을 베이스보다 몇 해 뒤에 설명했다. 비록 이러한 차이들이 어떤 단순사건에 유리한지 알 수 없지만, 그래도 그것을 모른다는 바로 그 사실 때문에 종종 복합사건의 확률이 높아진다.

해석학과 확률 문제를 일반화시키면서 나는 편유한차분 이론에 대한 연구로 나아갔는데, 이 이론은 라그랑주가 대단히 간단한 방법으로 다룬 바 있고 이런 종류의 문제에 정연하게 활용한 바 있다. 또한 나는 거의 같은 시기에 생성함수 이론을 발표했는데, 그 이론에 포함되는 것들 중에는 이러한 주제들도 들어 있다. 생성함수 이론은 그 자체로 확률에서 가장 어려운 문제에 잘 들어맞았으며 일반화시키기에도 가장 좋았다. 게다가 이 이론을 이용하면 빠르게 수렴하는 근사 방법에 따라 아주 많은 항과 인수들로 이루어진 함수의 값을 얻는다. 또 그렇게 구한 값들 중에는 원주와 반지름의 비를 제곱근한 것의 값이 매우 자주 나온다는 것이 증명되었는데, 이는 다른 무수히 많은 초월함수 값들도 나올 것이라는 뜻이다.

증거와 선거나 심의를 위한 회의에서의 투표나 결정, 그리고 법원의 판결은 확률 이론의 지배를 받는다. 이런 일들에서 생기는 문제들은 대단히 많은 감정과 다양한 이해관계와 상황들로 인해 매우 복잡해지기 때문에 거의 항상 해결이 불가능해진다. 하지만 그 문제들과 아주 유사한 보다 단순한 문제를 풀면 어렵고 중요한 문제를 푸는 실마리가 나올 수도 있으며, 확률을 이용한 방법이 다른 그럴듯해 보이는 추론 과정보다 수학이 갖는 확실성 덕분에 늘 가장 선호할 만하다.

확률 이론을 활용하는 경우들 가운데 가장 흥미로운 것은 관측 결과들 가운데에서 평균값을 선택해야 할 경우다. 이 문제는 여러 수학자들이 연구한 바 있는데, 라그랑주는 관측에서 생기는 오차의 법칙을 알고 있을 때 이들 평균을 구하는 멋진 방법을 《토리노 논문집(Mémoires de Turin)》에 발표한 바 있다. 나도 같은 목적을 염두에 두고 해석학의 다른 문제에 유효하게 활용할 수 있는 진기한 묘

안에 바탕을 둔 방법을 제시했는데, 그 방법에서는 긴 계산을 거쳐 문제의 특성에 따라 제약이 가해지는 함수를 한없이 확장시킴으로써, 이 제약 때문에 최종 결과에서 각 항이 어떻게 변형되었는지 알 수 있다. 우리는 앞에서 각 관측에서 1차 조건방정식이 나오는 것을 이미 보았는데, 그 방정식에서는 항상 모든 항들이 등호의 왼쪽에 있고 그 오른쪽에는 0이 있다. 방정식의 모수를 정하기 위해 아주 많은 우수한 관측을 결합할 수 있었기 때문에 이 방정식들은 우리가 가진 천문표가 매우 정확해진 주요 원인 가운데 하나다. 구해야 할 모수가 단 하나뿐일 경우에 대해서는 코츠(R. Cotes, 1682~1716)가 각 방정식에서 알지 못하는 그 모수의 계수를 양수로 해서 모든 방정식을 더한 다음 최종방정식을 하나 만드는 방법을 썼다. 모든 사람들이 코츠의 규칙을 따라 계산했지만 모수가 여럿일 때에는 쓸 수 없었기 때문에 필요한 최종방정식을 얻을 수 있도록 조건방정식을 결합할 정해진 규칙이 없었고, 결국 사람들은 단순히 각 모수마다 그 모수를 구하는 데 적절한 관측들을 선택하여 계산했다. 이러한 주먹구구 방식을 개선하기 위해 르장드르(A. M. Legendre, 1752~1833)와 가우스(C. F. Gauss, 1777~1855)가 조건방정식의 우변을 제곱하여 모두 합한 다음, 거기에 들어 있는 미지의 모수를 변수로 간주하고 그 합을 최소로 만드는 방법을 생각하게 되었다. 이렇게 하면 미지수의 수만큼 최종방정식을 얻는다. 하지만 이렇게 구한 값들이 다른 방법으로 구한 모든 결과보다 더 낫다고 할 수 있을까? 이 질문에 답할 수 있는 것은 확률론밖에 없다. 그리하여 나는 이 중요한 문제에 확률론을 적용하게 되었고, 세밀한 분석을 거쳐 방금 말한 규칙을 포함하는 한편, 정확한 과정으로 찾는 모수를 구하는 장점뿐 아니라 전체 관측에 들어 있는 증거를 가장 잘 보여주는 장점을 가지며, 또한 있을지 모를 오차를 가능한 한 최소로 만드는 장점을 가진 규칙을 얻었다.

하지만 결과에 따라올 수 있는 오차의 법칙을 알지 못하는 한 그 결과에 대해 우리가 알고 있는 것은 불완전할 수밖에 없다. 우리는 오차가 어떤 정해진 한계 안에 있을 확률을 구할 수 있어야 하는데, 이는 앞에서 내가 비중이라고 부른 것을 정하는 것에 해당한다. 나는 해석학으로부터 이를 위한 일반적이면서도 간단한 식을 얻을 수 있었고, 그 결과를 측지학 관측 결과에 적용했다. 일반적인 문제는 아주 많은 관측에서 생기는 오차의 하나 또는 여러 1차함수 값이 어떤 한계 내에 들어 있을 확률을 정하는 것이었다.

관측에서 생기는 오차의 가능성을 나타내는 법칙에서

는 이 확률을 나타내는 식에 상수를 필요로 하는데, 그 값을 구하려면 거의 항상 알고 있지 못한 이 법칙을 알아야 한다. 다행스럽게도 이 상수는 관측으로부터 구할 수 있다.

천문학에서 모수에 대해 연구할 때라면 상수는 각 관측과 계산한 것 사이의 차이를 제곱하여 합친 것을 이용해서 구한다. 가능성이 동일한 오차들은 그 합의 제곱근에 비례하므로 이들 제곱을 비교하면 한 가지 천체에 대한 다른 표들이 상대적으로 얼마나 정확한지 평가할 수 있다. 측지학에서는 이들 제곱을 각 삼각형의 세 각을 관측한 것을 합한 것에서 생기는 오차를 제곱한 것으로 바꾸어야 한다. 이 오차 제곱들을 비교하면 각을 측정한 기구들의 상대적인 정밀도를 판단할 수 있다. 이러한 비교로부터 측지학에서 다른 기구를 대신해서 쓰이는 측각기[71]의 장점을 알 수 있다.

관측에서는 많은 원인 때문에 오차가 생긴다. 따라서

---

71) (옮긴이 주) 측각기(repeating circle): 망원경이 달린 측량 기구로서, 원주의 여러 곳에서 반복 측정을 통해 오차를 줄일 수 있는 기구였다. 1784년 프랑스의 에티엔 르누아르가 발명한 이후 19세기 초 프랑스의 들랑브르와 메샹스가 지구의 위도 길이를 측정했을 때에도 쓰이는 등 약 50년간 사용되었다.

자오선 망원경을 써서 구한 천체의 위치와 원을 써서 구한 위치는 모두 서로 다른 분포를 따른다고 가정해야 마땅한 오차를 동반하기 때문에, 그 위치로부터 얻는 모수들은 이들 오차의 영향을 받는다. 이 모수들을 구하기 위한 조건방정식들에는 각 도구의 오차가 포함되어 있고 여러 계수들도 들어 있다. 이럴 경우에는 곱한 것을 결합해서 모수의 수와 같은 수의 방정식을 얻기 위해 각 방정식에 곱해야 할 가장 유리한 인수들은 더 이상 각 조건방정식에 있는 모수의 계수가 아니다. 내가 썼던 방법을 이용하면 오차의 원인이 아무리 많더라도 가장 유리한 결과 또는 동일 오차가 생길 가능성이 더 낮아지는 결과를 쉽게 얻는다. 또한 이 방법을 쓰면 이 결과들에 있는 오차의 확률 법칙도 얻는다. 이 식에는 오차의 원인과 같은 수의 상수들이 들어 있는데, 이 상수들은 이들 오차의 분포에 따라 달라진다. 오차의 원인이 하나일 때에는 이 상수를 각 조건방정식에서 모수 자리에 구한 값을 대체해서 계산하는 잔차들의 제곱합으로부터 얻을 수 있다. 상수들의 수가 아무리 많더라도 일반적으로 비슷한 방식을 통해 상수 값들을 구하면 확률 이론을 관측 결과에 적용하는 과정은 마무리된다.

나는 여기서 중요한 사항을 일러두고 싶다. 관측이 굉

장히 많지는 않다면, 내가 방금 말한 상수 값들 주변에 남아 있는 작은 불확실성은 분석 결과로 정해지는 확률이 약간 불확실해지는 원인이 된다. 하지만 관측 결과에 있는 오차의 확률이 좁은 한계 안에 들어갈 확률이 1에 가까운지 아는 것으로 충분하다. 만일 그렇지 못하다면, 그 결과의 질적인 특성에 대해서 상당할 정도로 의심이 남지 않을 확률을 얻으려면 관측이 얼마나 더 필요한지만 알아도 충분하다. 확률에 대한 해석학적인 식들을 이용하면 그렇게 할 수 있으며, 이러한 면에서 그 식들은 오차가 생길 수 있는 관측 전체에 바탕을 둔 과학을 완전하게 만드는 데 필요하다고 하겠다. 또한 그 식들은 자연과학과 인간과학에서 생기는 아주 많은 문제를 해결하는 데에도 필수적이다. 현상의 규칙적인 원인은 대부분 알려지지 않았거나 수학으로 다루기에는 너무나 복잡하다. 게다가 종종 그 원인들의 작용은 우연한, 또는 외부적인 원인들 때문에 간섭을 받는다. 하지만 그 원인들의 작용은 이 모든 원인들이 만든 사건에 반드시 흔적을 남기므로 오래 관측해 보면 그러한 작용의 결과로 생긴 변형을 찾아낼 수 있다. 확률 해석학은 이러한 변형을 설명해 준다. 또한 원인들의 확률을 정하고, 그 확률을 점점 높이는 방법도 알려준다. 따라서 대기에 영향을 미치는 불규칙적인 원인들 가운데에서 낮부터 밤까지, 그리고 겨울부터 여름까지 태양 온도의 주기적인 변화가 이 거대한 유동체의 압력과 기압계의 높이를 하루 동안, 그리고 1년 동안 오르내리게 만드는데, 우리는 이러한 사실을 많은 기압 관측 결과를 통해 우리가 사실이라고 간주할 정도의 확률과 마찬가지 확률로 알게 되었다. 따라서 이것은 모든 방면에서 사회를 혼란스럽게 만드는 열정과 다양한 이해관계의 와중에서 고귀한 윤리적 원리가 쉼 없이 작용하고 있음을 일련의 역사적인 사건들을 통해 다시 보는 것과 마찬가지다. 운에 따르는 게임(도박)을 다루면서 시작된 학문이 인간의 지식 가운데에서 가장 중요한 지위로 올라서는 것은 주목할 일이다. 나는 이 모든 것들을 《확률의 해석 이론》에 모았다. 거기서 나는 확률 이론의 원리들과 해석을 가장 보편적인 방식으로 설명하려 했고, 또한 이 이론에서 생기는 가장 재미있고 가장 어려운 문제들에 대한 풀이도 제시했다.

이 책을 통해 우리는 확률 이론이란 근본적으로 상식을 수학화한 것일 따름임을 알게 되었다.[72] 그 덕분에 우

---

72) (옮긴이 주) 이 책 맨 끝에 나오는 "The theory of probabilities is basically only common sense reduced to a calculus"라는 주장은 책 맨 앞에 나오는 결정론을 옹호하는 부분, 즉 엄청난 데이터를 처리할 수 있는 지적인 능력을 가진 존재가 있다면 모든 것을 간단한 법칙으로

리는 전혀 독단적이지 않게 의견을 선택하고 나아갈 방향을 정할 수 있으며 또한 늘 가장 유리한 선택을 할 수 있다. 그러므로 그 이론은 무지와 인간 정신의 허약함에 대한 가장 적절한 보완물이 된다.

이 이론에서 나오는 해석학적 방법, 기초가 되는 참된 원리들, 문제 해결을 위해 필요한 날카롭고 세밀한 논리, 이 이론 덕분에 생기는 공공의 복리, 자연과학과 인간과학에서 생기는 가장 중요한 문제에 대해 적용되면서 확대되었고 지금도 확대되고 있는 활용 범위 등을 생각하면, 그리고 이 이론은 수학을 적용할 수 없는 것에 대해서까지도 우리가 판단할 수 있는 가장 확실한 지침을 제공하며 때로 우리를 혼란시키는 착각을 피할 수 있게 해준다는 것을 다시 생각해 보면, 이보다 더 가치 있는 학문이 없음을 알게 될 것이며, 공공 교육 시스템에서 가장 유용한 부분이 될 것임을 알게 될 것이다.

나타낼 수 있을 것이라는 주장과 더불어 이 책 전체에서 가장 유명하고 자주 인용되는 부분이다.

해설

라플라스(Pierre Simon Laplace, 1749~1827)는 1770년대부터 1820년대까지 활동했던 프랑스의 대표적인 수학자이자 유력한 태양계의 생성 이론인 '성운설'을 주장하고, 《천체역학(Traité de Mécanique Céleste)》(1798~1805, 1823~1827)을 쓴 천문학자다. 그는 수학의 여러 분야를 연구하는 가운데 일찍이 20대부터 확률에 대해 관심을 가진 이후 세상을 떠나기 얼마 전까지 이론과 응용 양쪽 모두에서 중요한 연구를 많이 남겼다. 특히 그의 수학 연구는 순수 이론보다는 언제나 다양한 분야의 문제를 풀기 위한 응용수학의 성격이 두드러졌는데 확률, 통계학 연구에서 그러한 경향은 더욱 뚜렷했다.[73]

---

73) 대가급 과학사학자들이 영어로 쓴 라플라스에 대한 평전 가운데 대표적인 것 두 가지를 들면 다음과 같다. Gillispie, C. C., 《Pierre-Simon Laplace, 1749~1827: A Life in Exact Science》(Princeton University Press, 1997), Hahn, R., 《Pierre Simon Laplace, 1749~1827: A Determined Scientist》(Harvard University Press, 2005). 또 라플라스의 천체역학 연구에 대해 개괄적으로 살펴보려면 과학사학자인 아이버 그래튼-기니스(Ivor Grattan-Guinness)가 편집

본문에도 나오지만 확률에 대해 수학자들이 관심을 갖고 연구하기 시작한 것은 1654년 파스칼과 페르마가 처음이었다. 그 두 사람과 네덜란드의 하위헌스는 기댓값, 조건부확률 등을 동원하여 여러 가지 도박 문제를 풀었고, 이어서 18세기 초 자코브 베르누이, 몽모르, 드무아브르의 연구가 연속해서 등장하면서 확률은 점차 수학의 한 분야가 되었고, 그 응용 분야도 확대되었다. 한편 파스칼, 페르마, 하위헌스의 연구가 나온 시기는 영국에서 존 그랜트가 런던의 사망표를 통계적으로 분석하여 책으로 출판한 바로 그 시기였다. 전체 통계학의 역사에서 유럽 대륙에서는 수학적인 이론이 강조된 반면, 영국에서는 수학보다는 현실 문제에 대한 보다 직접적인 관심이 강조되었는데, 이러한 경향은 17세기뿐 아니라 19세기가 끝날 무렵까지 계속된다.

라플라스가 활동한 1770년대부터 1820년대 사이의 기

한 책 《Landmark Writings in Western Mathematics, 1640~1940》(Elsvier, 2005)의 242~257쪽에 실려 있는 〈P. S. Laplace, Exposition du Système du monde, first edition (1796); Traité de Mécanique Céleste (1799~1823/1827)〉을 보라. 또 라플라스의 확률, 통계학 연구에 대해서는 스티글러, 《통계학의 역사》(조재근 옮김, 한길사, 2005) 가운데 제3, 4장을 보라.

간은 그 자신을 필두로 가우스, 르장드르와 같은 대가들이 오늘날의 베이스 추론에 해당하는 역확률(逆確率, inverse probability), 관측 결과를 결합하는 방법인 최소제곱법, 그리고 중심극한정리와 여러 가지 확률분포에 대한 연구를 발표했던 시기로서 확률, 통계학 연구의 황금기 중 하나였다. 그가 확률에 대해 처음 글을 발표한 것은 베이스의 논문이 발표된 지 약 10년 뒤부터였는데, 베이스의 목표는 동전 던지기와 같은 실험 결과로부터 이항분포의 성공 확률을 추론하는 것이었고, 라플라스의 목표는 결과로부터 원인의 확률을 거슬러 추론하는 것이었다. 그들보다 앞선 시기의 사람들은 이항분포의 성공 확률을 알고 있을 때 여러 가지 경우의 확률이나 기댓값, 또는 극한정리를 구하는 연구를 많이 했는데, 베이스와 라플라스는 그러한 연구 방향을 180도 뒤집어서 원인으로부터 결과의 확률을 추론하려 했던 것이다. 비록 라플라스의 연구가 베이스의 연구보다 나중에 나왔지만, 당시 라플라스는 베이스의 논문을 읽지 못한 상태에서 연구를 진행했기 때문에 문제의 틀이라든가 논의를 전개하는 방식이 서로 많이 달랐다. 하지만 두 사람의 목표는 사실상 매우 닮은 것이었으며, 그 문제에 대해 그들이 제시한 해결책 역시 나중에 역확률 또는 베이스 추론이라고 불리는 것으로 근본적으로 서로 닮은 것이었다. 그런데 1764년 베이스의 논문이 나왔을 때 베이스는 이미 이 세상 사람이 아니었기 때문에 사실 그가 남긴 확률 연구는 그의 사후에 리처드 프라이스가 대신 발표해 준 그 논문 한 편으로 끝이었다. 하지만 라플라스가 확률 연구를 시작했을 때 그의 나이는 겨우 20대 초반이었기 때문에 이후 약 50년에 이르는 긴 세월 동안 역확률, 즉 베이스 추론에 대한 연구를 토대 위에 올려놓는 역할을 한 사람은 베이스가 아닌 라플라스일 수밖에 없었다. 따라서 라플라스가 상당히 오랫동안 19세기 확률과 통계학에 막대한 영향을 미쳤던 반면 베이스는 20세기가 될 때까지 사실상 별다른 평가를 받지 못한 채 묻혀 있다시피 했다. 물론 라플라스가 평생 견결한 '베이스주의자'에 머물렀던 것은 아니다. 그는 해결해야 할 문제를 따라 여러 차례 베이스를 떠났다가 다시 돌아가곤 했다.

이처럼 역확률에서 시작된 라플라스의 확률론 연구는 오차의 분포를 찾는 문제라든가 생성함수에 대한 연구 등으로 이어졌고, 추정, 검정, 회귀분석, 표본조사를 비롯한 통계학적 주제로도 확산되었다. 라플라스가 확률과 통계학 연구자로서 운이 좋았던 것은 1805년에 최소제곱법을 발표한 르장드르 외에 그 분야에 관심을 가진 사람으로 가우스라는 거인이 존재했다는 점이다(재미있게도 가우스는 라플라스보다 28년 늦게 태어나서 28년 늦게 죽었다). 물론 두 사람이 공동 연구를 한 것은 아니었으나 주고받은 편지와 발표하는 논문을 통해 얻은 지적인 자극 덕분에 확률과 통계학 분야에서는 19세기 초에 전례 없이 풍성한 성과가 나올 수 있었다. 추정 방법으로서 최소제곱법에 대한 이론적인 바탕이 다져지고 중심극한정리를 비롯한 중요한 대표본 이론이 나온 것도 바로 그 시기였다.

또한 라플라스는 자신의 확률 연구를 천문학과 측지학을 비롯한 자연과학 분야에 적용했을 뿐 아니라 사회의 여러 분야에도 적용하려 노력했는데, 그러한 입장은 《확률에 대한 철학적 시론》에서도 여실히 드러난다. 그의 시도는 1830년대에 나온 프랑스의 재판에 대한 푸아송의 연구로 이어졌으며, 나아가 케틀레라는 또 다른 거인이 등장하여 사회과학에까지 통계학을 널리 퍼뜨리는 계기가 되었다. 케틀레는 비록 라플라스의 수학적인 연구를 계승, 발전시키지는 못했지만 사회의 변화를 알기 위해서는 통계 데이터를 살펴보아야 한다는 점을 전 유럽 사회에 뚜렷이 알리는 역할을 했다. 그처럼 통계학이 폭넓게 확산된 배경 속에서 19세기 말 피어슨이 등장하여 통계학에 수학적인 깊이를 더하게 되었다. 따라서 19세기 확률, 통계학의 역사는 라플라스, 케틀레, 피어슨으로 이어지는 역사라고 해도 크게 틀리지 않을 것이다.

본문에서도 여러 차례 언급되지만 라플라스의 확률 연구가 집대성된 것은 1812년에 처음 출판된 《확률의 해석 이론(Théorie Analytique des Probabilités)》이다. 확률 이론의 역사에서 그 책은 자코브 베르누이의 《추측술(Ars Conjec-tandi)》(1713), 몽모르의 《운에 따르는 게임에 대한 해석학 시론(Essay d'Analyse sur les Jeux de Hazard)》(1708, 1713), 드무아브르의 《우연론(The Doctrine of Chance)》(1718, 1738, 1756) 등 18세기 전반에 나왔던 연구를 계승하고, 19세기 초까지의 성과를 집대성한 중요한 책으로 평가된다.

하지만 그 책은 무엇보다 상당히 어려운 수학이 담겨 있고, 라플라스의 설명 또한 매우 난삽하기 때문에 일반인들은 물론 수학자들도 읽기 어려워했던 책이었다. 라플라스 역시 그러한 어려움을 잘 알고 있었던지 그 책이 나온 지 2년 후에 재판을 내면서 긴 서문을 덧붙였다. 이 서문은 원래 1795년에 라플라스가 에콜 노르말에서 했던 강의 노트에 해당하는 것으로서 사실상 수식을 전혀 이용하지 않고 확률과 통계학에 대해 설명한 것이었다. 1814년 라플라스가 그 서문만을 따로 뽑아내어 《확률에 대한 철학적 시론(Essai Philosophique sur les Probabilités)》이라는 독립된 책으로 출판하자 그 책은 상당히 오랫동안 큰 인기를 누렸다. 책 제목에 '철학적 에세이'라는 단어가 붙은 것은 오늘날 자연과학이라고 불리는 분야를 당시에 자연철학이라고 흔히 불렀던 것과 같은 의미로서 '과학적 에세이' 정도로 이해하면 될 것 같다. 수식이 나오지 않는 '에세이'라고 해서 라플라스가 이 책을 가볍게 생각했던 것은 전혀 아니었다. 그는 1814년 초판이 나온 이후 1827년 사망할 때까지 계속해서 상당 부분을 고치고 덧붙이고 다듬어서 제5판까지 출판했다.

이 책은 크게 두 부분으로 이루어졌다. 첫 부분은 수학 이론이고 두 번째 부분은 이론의 응용이다. 달리 말하면 앞부분은 확률론, 뒷부분은 통계학이라고 할 수 있는데, 이러한 구성은 확률에 대한 라플라스의 주저인 《확률의 해석 이론》에서도 그대로 볼 수 있다.

먼저 '확률에 대한 철학적 시론'이라는 제목이 붙은 제1부에서 라플라스는 확률론의 기본 원리 열 가지를 제시했는데, 그 내용은 확률의 정의, 기댓값, 조건부확률, 그리고 오늘날 베이스 정리에 해당하는 역확률 이론 등이다. 이어서 그는 확률론을 위한 해석학적인 방법들을 길게 설명하고 있는데, 자신이 개발한 생성함수 이론이 중심이 되는 이 부분은 이 책 전체를 통틀어 가장 수학적이고 읽기 난삽한 부분이다. 읽기 불편한 가장 큰 이유는 그가 수식을 사실상 전혀 사용하지 않고 보통의 말로 모든 수학적인 이론을 설명했기 때문이다. 이런 설명 방식은 이 책의 끝에 나오는 "확률 이론이란 근본적으로 단지 상식을 수학화한 것일 뿐"이라는 주장을 떠올려 본다면 수학에 익숙하지 않은 사람들에게까지 확률 이론을 대중화시키기 위한 배려라고 볼 수도 있겠다. 하지만 라플라스의 흥미로운 시도가 거둔 효과에 대한 후세의 평가는 그리 너그럽지 못한 편이다. 예컨대 "오차의 확률은, 오차의 제곱에 마이너스 부호를 붙인 것과 오차 확률의 모듈러스라고 할 수 있는 상수계수를 곱한 것을 지수로 해서, 로그를 취했을 때 1이 되는 숫자를 거듭제곱한 것에 비례한다"처럼 여러 줄에 걸쳐 이어지는 복잡한 문장이 다름 아닌 정규분포 밀도함수식을 설명하고 있다고 곧바로 이해할 사람은 드물 것이기 때문이다. 이어지는 제2부에서 라플라스는 천문학, 측지학 등의 자연과학과 증언, 재판, 의회의 결정, 인구통계 등에 대한 응용 사례와 방법을 설명했다. 또한 확률을 구할 때 범하기 쉬운 잘못에 대해서도 길게 설명한 다음 17세기 중반부터 19세기 초까지 확률과 통계의 역사에 대한 설명도 짧게 덧붙였다. 분량으로 볼 때 제2부는 제1부보다 훨씬 더 길기 때문에 라플라스가 이 책에서 중점을 둔 것은 확률에 대한 수학 이론보다는 그 이론의 통계학적인 응용이라고 할 수 있겠다.

이 번역은 프랑스어로부터 직접 옮긴 것이 아니라 영어 번역을 중역한 것이다. 저본은 통계학사 연구자인 남아프리카공화국 크와줄루 나탈(KwaZulu-Natal) 대학의 데일(A. I. Dale) 교수가 옮긴 《Philosophical Essay on Probabilities》(Springer, 1998)이고, 트루스콧(W. Truscott)과 에모리(L. Emory)가 번역한 《A Philosophical Essay on Probabilities》(Wiley, 1902; Dover, 1952, 1995)도 참조했다. 데일은 라플라스가 생존했을 때 마지막으로 나온 제5판을 옮겼고, 트루스콧과 에모리는 제6판(1840)을 번역했는데 제5판과 제6판 간에는 내용상 차이가 없다. 데일의 번역은 전체 270쪽 가운데 본문 번역이 124쪽까지고, 본문 번역보다 더 긴 나머지는 미주와 용어, 인명 해설 등이 차지하고 있다. 또한 그는 라플라스 책의 초판과 제5판을 일일이 비교하여 서로 다른 부분에 대해 각주를 달아 비교할 수 있도록 해두었다. 따라서 데일의 번역은 본문만 옮긴 트루스콧과 에모리의 번역보다 훨씬 내용이 풍부하다.

한편 일본어 번역으로는 과학철학자이자 교토 대학 명예교수인 우치이 소시치(内井惣七) 교수가 초판을 옮긴 《確率の哲学的試論》(岩波文庫, 1997)이 있다. 사실 일본에서는 우치이의 번역이 나오기 이전에 이미 세 가지 다른 번역이 《蓋然性の哲学的考察》, 《偶然の解析: 確率の哲學》, 《確率についての哲学的試論》이라는 각각 다른 제목을 달고 1931, 1950, 1973년에 출판되었는데, 넷 중에서 꼼꼼한 해설과 주석이 붙은 우치이의 번역이 가장 나아 보인다. 한편 일본에서는 라플라스의 《확률의 해석 이론》 역시 1986년에 《ラプラス確率論: 確率の解析的理論》(1812년의 초판을 옮긴 것이다)이라는 제목으로 번역, 출판된 바 있다.

이 책은 모두 18장으로 나뉘는데 이 번역에서는 확률 이론을 소개하는 제1부는 모두 번역했고, 확률론의 응용 분야들을 다루는 제2부 가운데 9장(〈자연과학에 대한 확률론의 응용〉)과 16장(〈확률 추정에서의 착각에 대해〉)의 뒷부분, 그리고 15장(〈사건의 확률에 의존하는 제도의 이익에 대해〉) 전체는 해당 내용이 너무 길거나 덜 중요한 것으로 판단하여 번역하지 않았다. 하지만 번역 분량이 책 전체의 80% 이상이므로 확률에 대한 라플라스의 생각을 살피는 데 큰 무리가 없을 것이다. 그리고 라플라스는 이 책에서 수식을 거의 이용하지 않고 확률 이론과 그 응용 분야를 설명했기 때문에 어떤 부분은 매우 읽기 어렵다. 그런 곳과 도움말이 필요해 보이는 곳에는 옮긴이가 데일의 번역과 몇 가지 일본어 번역을 참조하여 각주를 달았다. 일본에서 네 차례나 완역된 책을 지금에서야 발췌, 번역하여 내놓는 것도 씁쓸한 노릇이고, 번역 과정에서 프랑스어 원문을 참조하기는 했으나 옮긴이의 외국어 실력이 모자란 탓에 영어 번역으로부터 중역할 수밖에 없었던 점도 독자들께 미안한 일이다.

지은이에 대해

피에르 시몽 라플라스(Pierre Simon Laplace, 1749~1827)는 18세기 말에서 19세기 초에 걸친 프랑스 과학의 황금기에 활동했던 대표적인 과학자로서 '프랑스의 뉴턴'이라고도 불린다. 경도국(Bureau des Longitudes), 이공대학(Ecole Polytechnique) 등에서 일했으며 수학과 천문학 분야에서 많은 연구 결과를 발표했는데, 그중에서 다섯 권으로 된 《천체역학(Mécaniquéleste)》(1799~1825)과 《확률의 해석 이론(Théorie Analytique des Probabilités)》(1812, 1814, 1820)이 대표작이라고 할 수 있다.

그가 살았던 시기는 프랑스 역사에서 큰 혁명과 전쟁이 있었던 격변의 시대였는데 그는 대혁명과 공포정치 시대에도 살아남았음은 물론, 나폴레옹 치하에서는 잠시 내무장관 자리에까지 올랐고 상원의원도 지냈다. 또한 제1제정 시대인 1806년에 공작 작위를, 왕정복고 후인 1817년에는 후작 작위를 받았다. 나폴레옹에게 충성하다가 정권이 바뀌자 곧바로 왕에게 충성을 바치는 등 그가 평생

정치권력 앞에서 보여준 재빠른 변신과 능란한 처세술은 후세 사람들에게 적잖은 비난을 받는 이유가 되기도 했다.

옮긴이에 대해

조재근은 부산에서 태어나 서울대학교에서 통계학 전공으로 학사, 석사, 박사 학위를 받았다. 《통계학의 역사》(스티븐 스티글러 지음, 한길사, 2005), 《추측술》(자코브 베르누이 지음, 지식을만드는지식, 2008), 《확률에 대한 철학적 시론》(피에르 시몽 라플라스 지음, 지식을만드는지식, 2009) 등을 번역했으며, 《통계로 읽는 사회와 경제》(교우사, 2010), 《통계학, 빅데이터를 잡다》(한국문학사, 2017) 등의 책을 썼다. 경성대학교 빅데이터응용통계학과 교수로 일하다 2026년에 퇴임하였다.

원서발췌 확률에 대한 철학적 시론

지은이 피에르 라플라스
옮긴이 조재근
펴낸이 박영률

초판 1쇄 펴낸날 2012년 5월 4일
개정1판 1쇄 펴낸날 2026년 2월 26일

지식을만드는지식
출판등록 제313-2007-000166호(2007년 8월 17일)
02880 서울시 성북구 성북로 5-11
전화 (02) 7474 001, 팩스 (02) 736 5047
commbooks@commbooks.com
commbooks.com

ISBN 979-11-430-1777-2 03410

책값은 뒤표지에 있습니다.